城市低碳建设水平指数计分系统

申立银　鲍海君　等　著

科学出版社

北京

内 容 简 介

本书是《中国低碳城市建设水平诊断 (2022)》和《中国城市低碳建设水平诊断 (2023)》的主要参考资料,是计算城市低碳建设水平指数的计分依据,可帮助读者理解城市低碳建设水平指数产生的机理和计算方法。本书包含城市低碳建设水平计分基础、城市低碳建设水平计分方法、能源结构维度低碳建设水平计分标准、经济发展维度低碳建设水平计分标准等内容。

本书可服务于政府相关部门的决策,为相关行业部门与科研机构应用数字化技术研究城市低碳建设水平提供理论指导,向社会公众动态展示城市低碳建设的关键领域和现状。

图书在版编目(CIP)数据

城市低碳建设水平指数计分系统 / 申立银等著. 北京:科学出版社,2025. 1. -- ISBN 978-7-03-080346-7

Ⅰ. X321.2

中国国家版本馆 CIP 数据核字第 2024ZN7605 号

责任编辑:刘 琳 / 责任校对:彭 映
责任印制:罗 科 / 封面设计:墨创文化

科 学 出 版 社 出版
北京东黄城根北街16号
邮政编码:100717
http://www.sciencep.com

成都锦瑞印刷有限责任公司 印刷
科学出版社发行 各地新华书店经销
*
2025 年 1 月第 一 版 开本:787×1092 1/16
2025 年 1 月第一次印刷 印张:5 3/4
字数:150 000
定价:98.00 元
(如有印装质量问题,我社负责调换)

《城市低碳建设水平指数计分系统》课题组

组长

申立银　　鲍海君

成员

徐向瑞　　蔡鑫羽　　廖世菊　　王清清

陈紫微　　张玲瑜　　杨　艺　　詹　鹏

郭　洋　　曹泽煜　　李　明　　茆传奇

潘冰月　　舒欣宇　　王逸飞

前　　言

　　构建城市低碳建设水平指数计分系统旨在为科学评价城市低碳建设水平提供参考。本计分系统借鉴了国际先进标准，结合了《能源发展战略行动计划(2014—2020年)》《"十四五"现代能源体系规划》《能源技术革命创新行动计划(2016—2030年)》等文件，并且在研制过程中进行了广泛的调研，参考了有关计分系统制定的理论方法，以确保其专业性和科学性。同时，计分系统是《中国低碳城市建设水平诊断(2022)》和《中国城市低碳建设水平诊断(2023)》的主要参考工具，也是城市低碳建设水平指数的计分依据，可帮助读者理解城市低碳建设水平指数产生的机理和计算方法。计分系统的构建基于对城市系统碳循环的维度要素和城市低碳建设水平形成过程的剖析。维度要素涵盖了城市低碳建设的核心要素，包括能源结构、经济发展、生产效率、城市居民、水域碳汇、森林碳汇、绿地碳汇、低碳技术八个维度。低碳建设水平的形成过程为规划(plan)—实施(implement)—检查(check)—结果(outcome)—反馈(feedback)，简称PICOF。

　　本书的主要技术内容包括：①城市低碳建设水平计分基础；②城市低碳建设水平计分方法；③能源结构维度低碳建设水平计分标准；④经济发展维度低碳建设水平计分标准；⑤生产效率维度低碳建设水平计分标准；⑥城市居民维度低碳建设水平计分标准；⑦水域碳汇维度低碳建设水平计分标准；⑧森林碳汇维度低碳建设水平计分标准；⑨绿地碳汇维度低碳建设水平计分标准；⑩低碳技术维度低碳建设水平计分标准。

　　本书在撰写过程中力求体现下列特点：①知识面宽、内容新，内容强调实用性与实践性；②内容结构有利于知识的记忆、理解和运用；③各个章节配有与内容相关的表格，更直观且易于理解。

　　本书可为评价城市低碳建设水平提供科学依据，可服务于政府相关部门的决策，帮助政府相关部门诊断城市低碳建设水平，为科研机构开展城市低碳建设水平的评价研究提供重要参考，为推动低碳建设和城市可持续发展提供有力支持。

　　感谢读者对计分系统的关注，期待通过不懈努力，逐渐形成相关领域的评价标准，促进城市低碳建设事业的发展。

　　浙大城市学院国土空间规划研究院负责对本书技术内容的解释。在应用过程中若有意见或建议，请寄送浙大城市学院国土空间规划研究院(地址：杭州市拱墅区湖州街51号；邮编：310015)。

目　　录

第一章 城市低碳建设水平计分基础

诊断城市低碳建设水平的目的是总结建设过程中的经验和不足,扬长避短、纠正问题,从而达到更高的建设水平。为了诊断城市低碳建设水平,必须正确认识城市低碳建设水平的形成机理。城市低碳建设水平的形成需要一个过程,且体现在减排的各个维度,因此城市低碳建设水平的形成机理应从减排维度和管理过程两个视角去认识。

第一节 城市低碳建设水平体现的维度

城市低碳建设过程是在认识碳循环系统基础上的减排增汇过程,因此城市低碳建设水平体现在碳循环过程中,用于诊断城市低碳建设水平的指标体系应能反映碳循环系统中的碳源和碳汇要素,涉及能源结构、经济发展、生产效率、城市居民、水域碳汇、森林碳汇、绿地碳汇、低碳技术八个维度。

碳循环是自然界和人类社会经济活动产生的碳排放(碳源)与储存碳(碳汇)之间不断相互作用、动态平衡的过程。1997 年 12 月联合国气候变化框架公约参加国制定的《京都议定书》对碳源与碳汇的含义进行了阐述:碳源是指向大气中释放碳的过程、活动或机制,碳汇是指从大气中清除碳的过程、活动或机制。

城市低碳建设过程在本质上是在维持社会经济发展的同时城市碳循环系统的减排增汇过程,而城市碳循环系统的碳循环机理由城市的自然-社会经济二元特征决定。

一、社会经济活动与城市系统中碳循环的关系

一个城市的社会经济活动是城市碳循环系统中最主要的碳源,Kaya 恒等式是识别城市社会经济活动中影响碳源产生碳排放的因素的主流公式。该恒等式由日本学者 Yoichi Kaya(茅阳一)于 1989 年在联合国政府间气候变化专门委员会(Intergovernmental Panel on Climate Change,IPCC)举办的研讨会上提出,解析了影响碳源产生碳排放的主要因素。这个恒等式利用一个简单的数学公式将 CO_2 排放量分解成与人类生产生活相关的四个要素,其数学表达式如下:

$$C_{CO_2} = \frac{C}{PE} \times \frac{PE}{GDP} \times \frac{GDP}{POP} \times POP \tag{1.1}$$

式中,C_{CO_2} 表示 CO_2 排放量;PE 表示一次能源消费总量;GDP 表示国内生产总值;POP 表示国内人口总量。C/PE 表示单位能耗碳排放强度,主要由能源消费结构决定。PE/GDP

表示能源消费强度,指一个国家或地区单位产值在一定时间内的能源消耗量,它反映了经济对能源的依赖程度,体现了技术水平和生产效率,与能源利用效率和经济结构密切相关。GDP/POP 表示人均 GDP,用于表征一个国家宏观经济运行状况和经济发展规模,一般来讲,经济规模越大,碳排放量越高。

Kaya 恒等式被广泛认为是一种有效的城市碳排放要素分析工具,通过对 Kaya 恒等式的分析,可以看出碳排放量的变化是能源消费结构(决定碳排放强度)、生产效率(决定能源消费强度)、经济发展和人口共同作用的结果。特别是对于正处于城镇化快速发展、用能需求巨大的城市和地区,只有从源头上提高碳排放效率和能源利用效率,才能在获得经济社会效益、保证发展的同时有效控制碳排放量。

二、自然生态系统与城市系统中碳循环的关系

地球上各种生态系统作为 CO_2 等温室气体的源与汇,对碳循环起到至关重要的作用。陆地生态系统通过光合作用与呼吸作用,直接影响植被、水域、土壤中的碳元素的循环过程。向大气中释放 CO_2 等温室气体的过程、活动或机制是碳源,反之从大气中吸收 CO_2 等温室气体的过程、活动或机制则是碳汇。自然生态系统既具有吸收碳元素的功能,也具有释放碳元素的功能,但一般来说,自然生态系统整体上是一个碳吸收量大于碳释放量的汇,主要包括森林碳汇、绿地碳汇和水域碳汇。然而自然生态系统是多种多样的,并非都是碳汇,在自然生态系统中碳释放和碳吸收是一个复杂的非线性过程,碳源和碳汇之间双向转化是常见现象。总体上,自然生态系统在碳循环过程中主要发挥碳汇的作用。

三、科学技术对城市系统中碳循环的影响

城市低碳建设本质上是一个在碳循环系统内减少碳源、增加碳汇的过程,如图 1.1 所示。科学技术是城市碳循环系统中减少碳源、增加碳汇的重要抓手。一般来说,凡是能够帮助实现减少碳源、增加碳汇的科学技术都可以被称为低碳技术。低碳技术的概念目前缺乏统一界定,只要是能够有效减少以 CO_2 为主的温室气体的排放、可防止气候变暖的技

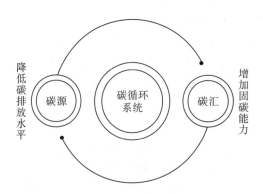

图 1.1 基于城市碳循环系统的低碳建设过程

术都是低碳技术，其涉及社会经济的各个领域，特别是能源、交通、建筑、冶金、化工、运输、旅游等领域。低碳技术的根本目的是实现人类生产和消费过程中的高效率以及低排放、低污染。

根据增汇减排的控制流程，低碳技术可以分为减碳技术、无碳技术（又称为零碳技术）和去碳技术（又称为负碳技术）。基于增汇减排技术的特征，低碳技术又可以分为非化石能源类技术、燃料及原材料替代类技术、工艺过程技术、非 CO_2 减排类技术、碳捕集与封存类技术、碳汇类技术。

四、八个维度要素的内涵

本书设定的城市低碳建设的八个维度的内涵详见表1.1。

表 1.1　城市低碳建设八个维度的内涵

能源结构	能源结构对城市碳排放有直接的影响，不同能源结构对碳排放和城市低碳建设的影响差异巨大，因此能源结构是城市低碳建设水平的一个重要评价维度
	能源结构主要是指各类一次能源和二次能源在能源消费总量中所占的比例。一次能源根据碳排放强度从大到小可以分为化石能源、生物质能、新能源及可再生能源。其中，化石能源（如石油、天然气等）是碳排放强度最高的能源，但又占据了世界能源结构最主要的地位。据联合国政府间气候变化专门委员会（IPCC）在 2006 年发布的碳排放数据，煤炭和天然气的碳排放因子分别为 94400kg/TJ 和 56100kg/TJ，而太阳能、风能、水能等可再生清洁能源的碳排放强度几乎为零。因此，各类一次能源在能源结构中所占的比重直接关系到城市碳排放量，特别是可再生清洁能源所占的比重越大，城市的碳排放量就越小
	我国在长期的高速工业化和城市化进程中，形成了以化石能源-火力发电为主的能源供应体系，这种能源供应体系在城市低碳建设背景下亟须重塑。2014 年 6 月，国务院颁布的《能源发展战略行动计划（2014—2020 年）》指出，我国优化能源结构的路径是降低煤炭消费比重、提高天然气消费比重，大力发展风电、太阳能、地热能等可再生能源，安全发展核电。国家发展和改革委员会及国家能源局联合印发的《"十四五"现代能源体系规划》指出，2025 年我国非化石能源消费比重要提高到 20%左右
经济发展	经济发展与碳排放之间的关系主要从经济规模与产业结构两方面阐释。从经济规模的视角看，经济发展对碳排放的影响很明显。经济发展情况通常用人均 GDP 来衡量：首先人均 GDP 增加反映了生产规模扩大，表征了社会经济的发展，而能源是生产活动的重要引擎，因此经济规模增大会导致能源消费增加，进而导致碳排放增加；其次，人均 GDP 增加意味着居民经济收入和居民生活水平提高，故居民对生活用品的数量和质量要求增加，由此导致能源消费和碳排放增加。从产业结构的视角看，经济发展对碳排放的影响也很明显。产业结构是指第一、二、三产业分别在国民经济中所占的比重。其中，第二产业属于能源密集型产业，包括采矿业、制造业以及电力、燃气及水生产和供应业、建筑交通业等。不同产业的碳排放强度差异很大，其中第二产业（如煤炭、石油、电力等产业）在生产过程中会消耗大量能源，碳排放强度相对较高。因此第二产业占比大的城市碳排放强度相对较高，这些城市的减排压力相对较大。总的来说，产业结构会对城市碳排放产生较大的影响，城市低碳建设需要优化调整产业结构，引导和鼓励产业结构重心由第二产业向第三产业过渡，实现经济健康持续发展
生产效率	生产效率直接决定了能源的消耗强度，是衡量城市低碳建设水平的重要因素。能源消耗强度简称能源强度，是指单位 GDP 的产出所消耗的能源，对城市碳排放有很大的影响。能源强度越大，在城市社会经济活动中产生的碳排放越多。能源强度减小代表能源利用效率提升或者生产效率提升，主要通过生产技术手段革新、经济结构转变和能源管理措施实现。因此，提升生产效率、降低能源强度是在城市低碳建设过程中降低碳排放量的重要手段
	效率通常从经济学的角度进行阐释，即投入与产出之比。概括来说，一个经济系统包括要素投入和产出两部分，提高生产效率即意味着在投入固定的情况下使产出最大，或在产出固定的情况下使投入最小。要实现这种效果，主要包括技术进步的贡献，意味着生产过程中投入的资源增加，特别是能源利用效率提高
	自 20 世纪 80 年代以来，我国经济快速增长，但这种增长在一定程度上是以高碳排放量为代价的，一段时期粗放型、"摊大饼"式的经济增长方式导致我国自然资源过度消耗，并带来一系列环境污染问题。然而，我国人口众多、社会经济发展任务艰巨，在相当长的时间内我国依然处于快速的城镇化发展进程中，用能需求仍然相当大。因此只有在经济发展过程中提高能源利用效率、城市运行效率、全要素生产率，才能在获得社会经济效益的同时有效控制碳排放量，实现城市的可持续发展

城市居民	人类生产活动会使用和消耗各种原材料和能源，从而产生 CO_2 等温室气体，其导致的碳排放量与人口规模和素质密切相关。人类的生活和生产活动决定了碳排放的产生是必然的，是碳排放的决定因素。城市人口增加会直接造成对电力、交通工具、建筑、基础设施等的需求增加，进而导致相应的生产活动及其能源消耗、碳排放增加。IPCC 指出，1983～2012 年是过去 1400 年间气候最温暖的三十年，由此引发了许多环境问题，包括土地沙漠化、极端天气频发、物种灭绝、资源枯竭等，这些环境问题与城市人口规模增加以及人类忽视环保有密切关系
	人类社会经济的发展除了带来居民收入水平和生活水平的提高，也带来居民整体素质和文明意识的提高，居民的公民意识、社会责任感、参与城市治理的意识、环境保护意识都逐渐增强。居民越来越愿意践行低碳消费、低碳出行等低碳生活方式，为碳排放的控制和城市低碳建设作出贡献
水域碳汇	在城市水域碳汇形成过程中，水域能承纳上游各类湿地和非湿地生态系统通过河流、洪水、侵蚀等以生物体、泥沙、溶解性有机碳等多种形式输入的碳，同时还能通过水体以及水体里的动植物直接捕获大气的 CO_2，从而吸纳碳。土壤水分饱和、气温较低以及微生物活性较弱的湿地生态系统往往具有较强的碳积累功能，不同来源的碳经过湿地环境中微生物的分解和转化，以 CO_2 和 CH_4 等气态形式排放到大气中，或因湿地的厌氧环境以泥炭等形式封存在湿地中。因此，建设和保护城市水域湿地是建设低碳城市的重要内容，其实施情况是诊断城市低碳建设水平的重要指标
森林碳汇	森林生态系统是陆地生态系统的主要构成部分，也是最大的光合作用载体。森林碳汇是指森林植物吸收大气中的 CO_2 并将其固定在植被或土壤中的过程，是森林调节大气中 CO_2 浓度、缓解温室效应的重要途径。森林碳汇能力反映为森林五大碳库的固碳能力，包括森林植被地上生物量、地下生物量、木质残体、凋落物和土壤碳库。森林植被和土壤碳库的碳储量占森林总碳储量的比例最高，分别占森林总碳储量的 44%和 45%；森林木质残体碳储量与凋落物碳储量共占 11%
	城市森林是城市绿化的一种特殊类型，它既属于森林的范围，又与天然的森林有所差别。城市森林通常为稀疏种植的单株树木或小面积的人工绿化群落，以乔木为主，并与各种灌木、草本以及各种动物和微生物等一起构成一个生物集合体。森林碳汇在城市低碳建设过程中有举足轻重的地位。城市森林覆盖率直接决定了森林系统的碳汇能力。增强城市森林碳汇能力，是减少城市碳排放、实现城市低碳建设目标的重要举措，这些举措的实施情况是诊断城市低碳建设水平的重要指标
绿地碳汇	城市绿地生态系统的碳汇特征与森林等其他陆地生态系统的碳汇特征有所不同。绿地生态系统的碳绝大部分集中在土壤中，其碳循环的主要过程也在土壤中完成，主要包括碳固定、碳储存和碳释放等环节。绿色植物通过光合作用将大气中的无机碳(CO_2)转变为有机碳，是绿地生态系统中有机碳的主要来源。在绿地生态系统中，进入土壤中的碳主要以有机质形式存在，绿地生态系统固定的碳的多少主要取决于绿地植被初级生产力的形成与土壤有机质分解之间的平衡作用
	绿地生态系统中的碳释放过程，其释放途径包括植物呼吸作用、凋落物层的异养呼吸及土壤的呼吸其中绿地土壤呼吸是绿地生态系统中碳释放的重要途径。当输入土壤的碳超过土壤输出的碳时，绿地土壤表现为 CO_2 的汇；反之，则表现为 CO_2 的源。城市绿地是受人为管理过程强烈影响的生态系统，受维护和建设等人类活动的影响，绿地地上部分循环较快，导致地下碳库部分受到影响。认识城市绿地的碳循环过程，将丰富对城市系统的碳循环的认识，对城市绿地的减排规划、建设和维护有重要的作用，是城市减排增汇、实现城市低碳建设目标的重要措施，也是诊断评价城市低碳建设水平的重要指标
低碳技术	低碳技术的减排机理是从源头上遏制和减少 CO_2，减排途径主要分为两种：直接减排和间接减排。直接减排的主要方式有：①通过应用低碳技术提高能源的开采、运输、加工、使用效率；②开发清洁能源、可再生能源，摆脱对传统化石能源的依赖；③利用碳捕集与封存类技术将 CO_2 与其他气体分离和封存起来。间接减排是指应用先进的低碳技术调整产业结构、更多地使用清洁能源，从而降低高能耗企业、高排放设备的市场份额，实现碳排放的减少。广义上讲，其他减排措施也可以视为间接的低碳技术，如征收碳税、交易排放放权、呼吁公众节约资源等的外部激励措施
	正确应用低碳技术进行减排与经济发展水平呈正相关。先进的低碳技术可促进经济发展，提升公众生活水平，有利于构建循环高质量可持续的社会发展模式。阿里云发布的《2021 年低碳科技白皮书》指出：从短期看，处理好经济转型发展、疫后复苏与碳约束的矛盾急需科技支撑；从中长期看，推动经济保持低碳、脱碳发展最终需要依靠科技引导；从长期看，提升我国在国际低碳市场的竞争力的关键在于科技创新。可见，推动科技进步和创新是实现低碳建设的重要举措。因此，发展低碳技术和应用低碳技术的成效也是诊断城市低碳建设水平的重要指标
	我国不少地区和城市的能源供应仍依赖煤炭等化石燃料，经济体系仍以资源依赖型产业为主，低碳技术的作用尚未充分体现。另外，我国不同城市之间差异较大，不同城市的低碳技术发展水平也有很大的差异。本书应用过程管理的原理，从 PICOF 的五个环节介绍不同城市发展和应用低碳技术的情况，从低碳技术的视角诊断城市低碳建设水平

第二节　城市低碳建设水平形成的过程

一、管理过程视角的城市低碳建设水平

任何事物的形成需要经历一个过程。低碳城市是气候变化背景下人类迫切需要实现的新生事物，是一个肩负着多个目标、受制于多个约束、结合了多个主体的复杂社会系统，其形成不是一个自发的过程，而是需要通过一个科学的管理过程来实现，包括低碳城市方案的规划、制定、实施，以及结果评估和反馈修正等环节。只有对每一个环节都进行动态跟踪管理，才能确保城市低碳建设总体目标最终得以实现。

城市发展从高碳到低碳的转型是循序渐进的演变过程。低碳目标的实现依赖于能源、工业、交通、建筑和农业等行业的协同努力，城市低碳建设能否成功取决于包括企事业组织、城市居民和政府部门等城市相关利益主体的低碳发展理念和行为的转化。企事业组织需要不断研发绿色高新技术，促使产业转型升级；城市居民应培养绿色消费习惯、绿色出行习惯等，从传统的粗放式、高碳生活方式转变为绿色、低碳生活方式；政府部门应制定相关法律政策，调整能源和产业结构，引导企业和居民协同建设低碳城市。

在建设低碳城市的过程中，由于经济水平、社会背景、产业结构和资源环境的差异，不同城市所面临的制约因素不同，所展示出的低碳建设水平也有差异，因而需要采取不同的低碳发展策略。因此，正确认识城市低碳建设的过程性和不同城市的特征，是科学诊断城市低碳建设水平的前提。忽略了城市低碳建设的过程性和不同城市的社会、经济、环境特征，就不能正确认识城市的低碳建设水平，进而导致"措施错配""政策失灵"，造成人力、财力、物力被浪费。所以，从城市低碳建设过程性的视角出发，结合过程管理的原理开展城市低碳建设水平的诊断尤为重要。

二、城市低碳建设水平的形成机理

1. 基于质量管理的 PDCA（plan do check act）循环理论

质量管理学中的 PDCA 循环理论基于对实物产品开发生产过程全面进行质量管理的思想和方法。根据全面进行质量管理的思想，实物产品的质量管理分为四个环节，即plan（计划）、do（执行）、check（检查）和 act（处理）。

（1）计划（或称规划）是管理活动的首要环节，指对所开发的实物产品或项目的质量、过程以及需要的资源制定一个计划，并明确地设定产品目标和标准。质量管理体系的计划尤其强调要以服务对象为关注的焦点，了解实际要求，制定质量管理方针和质量管理目标。

（2）在执行阶段，要根据指定的计划内容和服务对象的要求，开展一系列产品开发或项目实施活动，产品的质量将被铸造在产品的内在结构里。

（3）在检查阶段，须通过评审和测试产品，确定产品目标是否实现，质量是否满足服

务对象的要求。除了需要检查和测试产品是否符合要求，还需要检查质量管理过程，以确保产品能够按照计划正常工作。如果产品与计划有偏差，则要对偏差进行分析，找出出现偏差的原因。

（4）在处理阶段，须根据检查结果进行总结并采取处理措施，纠正已经发生的问题，寻找可以进一步改善的地方。对于成功的经验，须加以肯定，以为今后产品的开发和优化提供借鉴，或形成标准；对于失败的教训，须给予总结，引起重视，提出改进措施。

PDCA 是一个循环、迭代、螺旋上升的过程，如图 1.2 所示。产品的生产过程按照 PDCA 循环，下一个循环基于上一个循环的结果。因此，产品的质量会不断得到改善，目标的制定会不断得到优化。

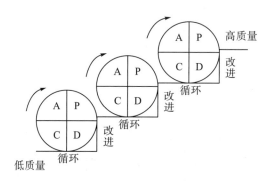

图 1.2　基于 PDCA 循环的全面质量管理过程

注：图片引自 Edwards（1986）。

PDCA 循环理论揭示了实践—认识—再实践—再认识的管理规律和改进模式，被广泛应用于社会经济活动的管理过程，其核心理念是产品的质量产生于 PDCA 循环过程，其四个环节对生产结果不断进行评价和改进，能帮助提升产品的质量。

低碳城市可以被视为一个巨大复杂的目标产品，当运用 PDCA 循环理论时，城市低碳建设就是一个将低碳城市作为一个巨产品进行生产的过程，城市低碳建设中的 PDCA 管理环节用于保障城市低碳建设的质量和目标的实现。基于全面质量管理的 PDCA 循环理论为管理城市低碳建设过程和提升城市低碳建设水平提供了科学的管理工具，计划（P）、执行（D）、检查（C）、处理（A）四个环节是城市低碳建设过程中不可或缺的关键环节。只有保证每个环节的实施水平，最终才能实现满足质量要求的低碳城市。因此，对城市低碳建设水平进行诊断评价时，应对各个关键环节进行科学认识和评价，这样才能真实反映城市低碳建设的整体质量和水平，诊断结果也才能为发现薄弱环节、总结经验教训提供依据，推动城市低碳建设水平全面提升。

2. 基于 PICOF 管理环节的城市低碳建设过程

城市低碳建设是朝着结果目标迈进的一个动态过程，其目标是通过科学的管理过程实现城市降低碳排放量。因此，对城市低碳建设水平的诊断应秉持过程诊断与结果诊断相结合的原则，既要反映过程，又要反映结果，将审视过程与诊断结果相统一。对过程的诊断结果用来指导城市对低碳建设的各个环节进行管理，以达到促进城市进行低碳建设的目的。评价结果用来检查城市的低碳建设成果与低碳水平，诊断其与计划目标之间的差距，是评价低碳城市建设成果的标尺。故本书在 PDCA 循环理论的 plan（计划）、do（执行）、check（检查）、act（处理）四个环节的基础上，将结果（outcome，O）环节引入城市低碳建设管理过程中，以此来表征城市低碳建设中 plan（规划）、implement（实施）和 check（检查）环节的阶段性成果，方便比较与计划目标之间的差距，为反馈（feedback，F）环节和下一个循环的计划制定提供依据。这五个环节的内涵见表 1.2。

表 1.2　PICOF 管理环节的内涵

规划（P）	低碳建设规划是城市低碳建设的首要环节和方向指引。城市低碳建设的规划（P）环节指编制规划，确定城市低碳建设应当完成什么工作、达到怎样的建设水平。对规划的科学性、完备性、可操作性进行审查是诊断评价城市低碳建设水平的重要内容
实施（I）	城市低碳建设的实施（I）环节指执行城市低碳建设规划。对规划进行实施，需要有完备的配套措施，投入各种资源和机制保障（如出台法律法规、行政公文、实施办法等）。因此，对各类低碳措施的实施渠道及配备的各种人力、资金、技术资源进行审查，是诊断城市低碳建设水平的重要内容，目的是保障城市低碳建设各个维度的工作、措施顺利实施
检查（C）	城市低碳建设的检查（C）环节用于保证城市低碳建设不偏离目标，检查城市低碳建设是否按照规划落实，发现建设过程中存在的不足并剖析原因。因此，在检查环节需要审查城市低碳建设过程中是否有相应的监督机制和监督资源，诊断对城市低碳建设的监督水平以及解决问题的能力。只有及时地检查与监督，才能保证各项城市低碳建设措施不偏离目标并且被有效执行
结果（O）	城市低碳建设的结果（O）环节用于判断城市低碳建设绩效，旨在通过对城市低碳建设水平的测度，判断城市低碳建设在一定时期内达成的效果，并找出偏差，为下一环节采取措施进行改善提供直接的参考依据
反馈（F）	在得到城市低碳建设结果后，结合检查环节甄别的问题及原因，进入城市低碳建设的下一环节即反馈（F）环节，其包括总结经验和教训，对所有工作环节开展总结，对成功经验加以肯定并推广；对失败与不足加以总结并引起重视，同时采取相应的改进措施，制定纠偏措施与提升方案，为下一个循环的规划（P）环节制定低碳建设目标提供依据

综上，管理过程视角下，以 PDCA 循环理论为基础的城市低碳建设管理过程包括规划（plan）、实施（implement）、检查（check）、结果（outcome）和反馈（feedback）五个环节，如图 1.3 所示。另外，基于上述分析，可以得到维度-过程双视角集成的城市低碳建设水平计分系统指标框架，如表 1.3 所示。

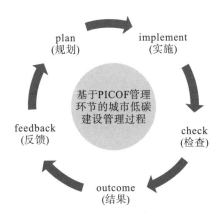

图 1.3　基于 PICOF 管理环节的城市低碳建设管理过程

表 1.3　维度-过程双视角集成的城市低碳建设水平计分系统指标框架

环节	碳源				碳汇			低碳技术 (Te)
	能源结构 (En)	经济发展 (Ec)	生产效率 (Ef)	城市居民 (Po)	水域碳汇 (Wa)	森林碳汇 (Fo)	绿地碳汇 (GS)	
规划 (P)	En-P	Ec-P	Ef-P	Po-P	Wa-P	Fo-P	GS-P	Te-P
实施 (I)	En-I	Ec-I	Ef-I	Po-I	Wa-I	Fo-I	GS-I	Te-I
检查 (C)	En-C	Ec-C	Ef-C	Po-C	Wa-C	Fo-C	GS-C	Te-C
结果 (O)	En-O	Ec-O	Ef-O	Po-O	Wa-O	Fo-O	GS-O	Te-O
反馈 (F)	En-F	Ec-F	Ef-F	Po-F	Wa-F	Fo-F	GS-F	Te-F

第二章 城市低碳建设水平计分方法

第一节 城市低碳建设水平值计算模型

一、基于总体尺度的城市低碳建设水平值计算模型

基于总体尺度的城市低碳建设水平值可以用以下公式表示：

$$V = \sum_d w_d V_d = w_{En}V_{En} + w_{Ec}V_{Ec} + w_{Ef}V_{Ef} + w_{Po}V_{Po} + w_{Wa}V_{Wa} + w_{Fo}V_{Fo} + w_{GS}V_{GS} + w_{Te}V_{Te} \quad (2.1)$$

式中，V 表示城市的年度低碳建设水平综合值；w_d 表示八个维度 d\{En, Ec, Ef, Po, Wa, Fo, GS, Te\}在城市低碳建设水平值中的权重，在《中国低碳城市建设水平诊断(2022)》(后称指数 1.0 版)基础上，进行了专家论证和专家打分，得到能源结构、经济发展、生产效率、城市居民、水域碳汇、森林碳汇、绿地碳汇和低碳技术八个维度的权重，分别为 0.25、0.10、0.10、0.10、0.10、0.10、0.10 和 0.15；V_d 表示城市在八个维度 d\{En, Ec, Ef, Po, Wa, Fo, GS, Te\}的年度低碳建设水平值。

低碳建设水平体现在由碳源与碳汇两个部分组成的碳循环过程中，因此，除了需要计算城市整体的低碳建设水平外，还需要基于碳源与碳汇视角，分别计算它们对应的城市低碳建设水平，计算公式如下：

$$V_{So} = \frac{w_{En}V_{En} + w_{Ec}V_{Ec} + w_{Ef}V_{Ef} + w_{Po}V_{Po}}{w_{En} + w_{Ec} + w_{Ef} + w_{Po}} \quad (2.2)$$

$$V_{Si} = \frac{w_{Wa}V_{Wa} + w_{Fo}V_{Fo} + w_{GS}V_{GS} + w_{Te}}{w_{Wa} + w_{Fo} + w_{GS}} \quad (2.3)$$

式中，V_{So} 表示城市在碳源视角下的年度低碳建设水平值；V_{Si} 表示城市在碳汇视角下的年度低碳建设水平值。

二、基于维度尺度的城市低碳建设水平值计算模型

基于维度尺度的城市低碳建设水平值用下列公式计算：

$$V_d = \sum_s w_s V_{d_s} = \alpha_d w_P V_{d_P} + w_I V_{d_I} + w_C V_{d_C} + \alpha_d w_O V_{d_O} + w_F V_{d_F} \quad (2.4)$$

式中，V_{d_s} 表示城市在 d 维度的 s\{P, I, C, O, F\}环节的低碳建设水平值，即规划环节(V_{d_P})、实施环节(V_{d_I})、检查环节(V_{d_C})、结果环节(V_{d_O})和反馈环节(V_{d_F})；w_s 表示五个环节 s\{P, I, C, O, F\}在城市低碳建设过程中的权重，本书在指数 1.0 版基础上，进行了专家论证和专家打分，得到五个环节的权重，分别为 0.2、0.2、0.15、0.3 和 0.15；α_d 表示城市各低碳

建设维度 d 在 P 环节或 O 环节的修正系数，其原理见本章第二节。

三、基于环节尺度的城市低碳建设水平值计算模型

基于环节尺度的城市低碳建设水平值（V_{d_s}）用式（2.5）～式（2.9）计算。

（1）P 环节：

$$V_{d_P} = \alpha_d \frac{\sum_{i=1}^{n} V_{d_{P_i}}}{n} \tag{2.5}$$

（2）I 环节：

$$V_{d_I} = \frac{\sum_{i=1}^{n} V_{d_{I_i}}}{n} \tag{2.6}$$

（3）C 环节：

$$V_{d_C} = \frac{\sum_{i=1}^{n} V_{d_{C_i}}}{n} \tag{2.7}$$

（4）O 环节：

$$V_{d_O} = \alpha_d \frac{\sum_{i=1}^{n} V_{d_{O_i}}}{n} \tag{2.8}$$

（5）F 环节：

$$V_{d_F} = \frac{\sum_{i=1}^{n} V_{d_{F_i}}}{n} \tag{2.9}$$

式（2.5）～式（2.9）中，$V_{d_{s_i}}$ 表示 s 环节中指标 i 的得分；n 表示 s 环节中指标 i 的个数，n 的值在不同维度的不同环节有所不同；α_d 表示城市各低碳建设维度 d 在 P 环节或 O 环节的修正系数，其原理见本章第二节。

四、基于指标尺度的城市低碳建设水平值计算模型

在指标尺度下，城市低碳建设水平值（$V_{d_{s_i}}$）用下列公式计算：

$$V_{d_{s_i}} = \frac{\sum_{j=1}^{m} V_{d_{s_{i\cdot j}}}}{m} \tag{2.10}$$

式中，$V_{d_{s_{i\cdot j}}}$ 表示在 s 环节中指标 i 的得分变量 j 的取值；m 表示得分变量 j 的个数，得分变量个数会因不同的指标而有所差异。

将式（2.10）应用到具体环节时，可以得到各管理环节下各指标的计算公式，如式（2.11）～式（2.15）所示。

(1) P 环节中指标 i 的计算公式：

$$V_{d_{P_i}} = \frac{\sum\limits_{j=1}^{m} V_{d_{P_{i\text{-}j}}}}{m}$$

(2.11)

(2) I 环节中指标 i 的计算公式：

$$V_{d_{I_i}} = \frac{\sum\limits_{j=1}^{m} V_{d_{I_{i\text{-}j}}}}{m}$$

(2.12)

(3) C 环节中指标 i 的计算公式：

$$V_{d_{C_i}} = \frac{\sum\limits_{j=1}^{m} V_{d_{C_{i\text{-}j}}}}{m}$$

(2.13)

(4) O 环节中指标 i 的计算公式：

$$V_{d_{O_i}} = \frac{\sum\limits_{j=1}^{m} V_{d_{O_{i\text{-}j}}}}{m}$$

(2.14)

(5) F 环节中指标 i 的计算公式：

$$V_{d_{F_i}} = \frac{\sum\limits_{j=1}^{m} V_{d_{F_{i\text{-}j}}}}{m}$$

(2.15)

五、基于得分变量尺度的城市低碳建设水平值计算模型

评价指标的取值受多方面的因素影响，这些影响因素称为得分变量（j）。不同的评价指标包含不同性质和不同个数的得分变量，这些得分变量中既有定量属性得分变量，也有定性属性得分变量，需进行统一处理，以便于进行计算。

（一）定量属性得分变量

本书中城市低碳建设水平的取值采用百分制，定量属性得分变量需做 0～100 分的标准化处理。为排除定量属性得分变量出现极端异常值，本书对最大值和最小值进行处理，具体方法如下：最大值根据 $\min[\bar{x}_j + 3\sigma, \max(x_j)]$ 计算得到，最小值根据 $\max[\bar{x}_j - 3\sigma, \min(x_j)]$ 计算得到，其中 $\bar{x}_j$ 表示得分变量 j 在一组城市间的平均值，σ 表示这一组数据的标准差。

完成上述处理后，正向得分变量（变量的取值越大越好）和负向得分变量（变量的取值越小越好）进行如下标准化处理。

(1) 正向得分变量的标准化处理：

$$V_{d_{s_{i\text{-}j}}} = \begin{cases} 100, & x_j > x_{\text{h}} \\ \dfrac{x_j - x_{\text{l}}}{x_{\text{h}} - x_{\text{l}}} \times 100, & x_{\text{l}} < x_j \leqslant x_{\text{h}} \\ 0, & x_j \leqslant x_{\text{l}} \end{cases}$$

(2.16)

式中，x_j 表示得分变量 j 的取值；x_h 表示得分变量 j 的最大值，即最优值，有两种方法获取 x_h 的值，如果相关标准规定了得分变量 j 的基准（最优）值，则 x_h 的值直接取基准（最优）值，如果没有相关标准，则 $x_h = \min[\bar{x}_j + 3\sigma, \max(x_j)]$；$x_l$ 表示得分变量 j 的最小值，即最差值，有两种方法获取 x_l 的值，如果相关标准规定了得分变量 j 的最小（最差）值，则 x_l 的值直接取最小（最差）值，如果没有相关标准，则 $x_l = \max[\bar{x}_j - 3\sigma, \min(x_j)]$。

(2) 负向得分变量的标准化处理：

$$V_{d_{s_i \cdot j}} = \begin{cases} 100, & x_j \leqslant x_l \\ \dfrac{x_h - x_j}{x_h - x_l} \times 100, & x_l < x_j \leqslant x_h \\ 0, & x_j > x_h \end{cases} \tag{2.17}$$

式中，x_j 表示得分变量 j 的取值；x_l 表示得分变量 j 的最小值，即最优值，有两种方法获取 x_l 的值，如果相关标准规定了得分变量 j 的基准（最优）值，则 x_l 的值直接取基准（最优）值，如果没有相关标准，则 $x_l = \max[\bar{x}_j - 3\sigma, \min(x_j)]$；$x_h$ 表示得分变量 j 的最大值，即最差值，有两种方法获取 x_h 的值，如果相关标准规定了得分变量 j 的最大（最差）值，则 x_h 的值直接取最大（最差）值，如果没有相关标准，则 $x_h = \min[\bar{x}_j + 3\sigma, \max(x_j)]$。

(二) 定性属性得分变量

定性属性得分变量的计分规则详见第三章至第十章。

第二节　基于城市特征的城市低碳建设水平修正系数

一、基于城市客观条件特征的城市低碳建设水平修正系数

基于城市客观条件特征的城市低碳建设水平修正系数的构成见表 2.1。

表 2.1　基于城市客观条件特征的城市低碳建设水平修正系数的构成

	能源结构（α_{En}）	经济发展（α_{Ec}）	城市居民（α_{Po}）	水域碳汇（α_{Wa}）	森林碳汇（α_{Fo}）	绿地碳汇（α_{GS}）
城市具有的客观条件特征	对化石能源的依赖程度	产业结构合理程度	转变为低碳生活的难度	水资源总量	森林碳汇建设条件	绿地碳汇建设条件
反映客观条件特征的指标（K）	化石能源占一次能源消费比重 K_{En}/%	第三产业增加值/第二产业增加值	平均受教育年限 K_{Po}/年	水域面积占城市行政区面积的比例 K_{Wa}/%	年降水量 K_{Fo}/mm	年降水量 K_{GS}/mm
修正系数（α）属性	正向	负向	负向	负向	负向	负向
修正系数（α）取值特征	α 随特征指标值的升高而增大	α 随特征指标值的升高而减小	α 随特征指标值的升高而减小	α 随特征指标值的升高而减小	α 随特征指标值的升高而减小	α 随特征指标值的升高而减小

二、基于城市特征的城市低碳建设水平修正系数计算方法

在对一组样本城市进行城市低碳建设水平诊断时，应根据低碳建设的客观条件对不同的城市赋予不同的修正系数，对处于有利客观条件的城市应赋予数值小于1的修正系数，对处于不利客观条件的城市应赋予数值大于1的修正系数，以避免"一刀切"现象，保证得到的城市低碳建设水平值能相对真实地反映城市低碳建设水平。修正系数计算方法如式(2.18)和式(2.19)所示。

(1)正向修正系数：

$$\alpha_{d\text{-}j} = \frac{\ln k_{d\text{-}j}}{\text{Median}(\ln k_{d\text{-}j})} \tag{2.18}$$

(2)负向修正系数：

$$\alpha_{d\text{-}j} = \frac{\text{Median}(\ln k_{d\text{-}j})}{\ln k_{d\text{-}j}} \tag{2.19}$$

式(2.18)和式(2.19)中，Median 表示中位数。

第三章　能源结构维度低碳建设水平计分标准

第一节　能源结构维度的规划环节

能源结构维度的规划(P)环节具有"指挥棒"的作用,可以为能源结构在城市低碳建设过程中如何发挥作用指明方向。该环节包含 1 个指标:能源结构的低碳规划($En-P_1$)。国家层面已经明确提出要进行能源结构转型升级,下一步工作的重点是把目标任务分解到城市一级。因此,该环节选择能源结构的低碳规划作为指标,具体包括非化石能源发展和应用规划目标[得分变量(1)]、非化石能源发展和应用规划内容[得分变量(2)]两个得分变量,它们对引导能源结构的调整具有重要影响,可以反映城市在能源结构维度的低碳建设规划水平。

1. 得分变量(1)

得分变量(1)的计分标准见表 3.1。

表 3.1　非化石能源发展和应用规划目标($En-P_{1-1}$)计分标准

计分点	计分要求	计分
①明确非化石能源消费量 ②明确非化石能源消费比重 ③明确非化石能源发电装机比重 ④明确能源结构优化目标 ⑤明确能源发展空间布局	满足所有计分点	100
	满足 5 个计分点中的任意 4 个	80
	满足 5 个计分点中的任意 3 个	60
	满足 5 个计分点中的任意 2 个	40
	满足 5 个计分点中的任意 1 个	20
	无任何相关内容	0
计分点依据		

计分点依据:《能源生产和消费革命战略(2016—2030)》《中华人民共和国国民经济和社会发展第十四个五年规划和 2035 年远景目标纲要》《"十四五"现代能源体系规划》《"十四五"可再生能源发展规划》都强调要大力推动可再生能源的利用,而非化石能源消费量、消费比重、发电装机比重和能源结构优化目标及其发展空间布局是非化石能源发展和应用规划目标的重点

2. 得分变量(2)

得分变量(2)的计分标准见表 3.2。

表3.2 非化石能源发展和应用规划内容（En-P$_{1-2}$）计分标准

计分点	计分要求	计分
	满足所有计分点	100
①推进太阳能规模化利用	满足5个计分点中的任意4个	80
②推广天然气项目	满足5个计分点中的任意3个	60
③推进生物质能、水能、风能、低温能等可再生能源的开发	满足5个计分点中的任意2个	40
④推进可再生能源融合发展	满足5个计分点中的任意1个	20
⑤建立清洁低碳的能源消费体系	无任何相关内容	0
计分点依据		

计分点依据：《中华人民共和国国民经济和社会发展第十四个五年规划和2035年远景目标纲要》《"十四五"现代能源体系规划》《"十四五"可再生能源发展规划》《能源生产和消费革命战略（2016—2030）》都强调要丰富非化石能源发展和应用规划内容，包括推进太阳能规模化利用，推广天然气项目，推进生物质能、水能、风能、低温能等可再生能源的开发，推进可再生能源融合发展，以及建立清洁低碳的能源消费体系

第二节　能源结构维度的实施环节

能源结构维度的实施（I）环节发挥着"工具箱"的作用，其可通过汇聚多方力量，并整合多种保障机制和资源，确保能源结构维度的调整和优化在城市低碳建设过程中顺利实现。该环节包含1个指标：能源结构优化的实施（En-I$_1$）。在能源绿色低碳转型目标的驱动下，各城市需依据能源结构的低碳规划在制度、资金、人力和技术层面推进相应的工作。因此，该环节选取能源结构优化的实施作为指标，具体包括相关规章制度的完善程度[得分变量（1）]、专项资金保障程度[得分变量（2）]、人力资源保障程度[得分变量（3）]、技术条件保障程度[得分变量（4）]四个得分变量。它们是能源结构维度实施环节的主要诊断内容，对于能源结构在城市低碳建设过程中的优化实施非常重要。

1. 得分变量（1）

得分变量（1）的计分标准见表3.3。

表3.3 相关规章制度的完善程度（En-I$_{1-1}$）计分标准

计分点	计分要求	计分
	满足所有计分点	100
①有优化能源结构的相关政策文件	满足4个计分点中的任意3个	75
②相关政府部门有石油、天然气等重要能源的相关实施办法	满足4个计分点中的任意2个	50
③有关于加大太阳能、氢能、海洋能等可再生能源和新能源开发利用及天然气分布式能源和储能发展的综合性扶持政策	满足4个计分点中的任意1个	25
④有完善能源行业的市场管理机制等	无任何相关内容	0
计分点依据		

计分点①的依据：《国家发展改革委 国家能源局关于完善能源绿色低碳转型体制机制和政策措施的意见》《法治政府建设实施纲要（2021—2025年）》《国家能源局2022年度法治政府建设进展情况》《中华人民共和国节约能源法》《中华人民共和国可再生能源法》都强调明确能源绿色低碳转型体制机制是能源结构优化相关规章制度的重要内容

计分点②的依据：《2023 年能源工作指导意见》《石油天然气规划管理办法》(2019 年修订)都强调提供石油、天然气等
　　重要能源的政策支持和措施保障是能源方面相关规章制度的重要内容
计分点③的依据：《2023 年能源工作指导意见》《能源生产和消费革命战略(2016—2030)》《国家发展改革委 国家能源
　　局关于完善能源绿色低碳转型体制机制和政策措施的意见》《国家发展改革委 国家能源局关于促进新时代新能源高质
　　量发展的实施方案》《"十四五"新型储能发展实施方案》都强调提供有太阳能、氢能、海洋能等可再生能源和新能
　　源开发利用及天然气分布式能源和储能发展的综合性扶持政策是能源方面相关规章制度的重要内容
计分点④的依据：《法治政府建设实施纲要(2021—2025 年)》《国家能源局 2022 年度法治政府建设进展情况》《2023 年能
　　源工作指导意见》都强调完善相关能源行业市场管理机制和政策是能源方面相关规章制度的重要内容

2. 得分变量(2)

得分变量(2)的计分标准见表 3.4。

表 3.4　专项资金保障程度($En-I_{1-2}$)计分标准

计分点	计分要求	计分
	满足所有计分点	100
①有明确的关于优化能源结构的资金管理办法	满足 4 个计分点中的任意 3 个	75
②市级政府财政中有专门用于优化能源结构工作的专项资金	满足 4 个计分点中的任意 2 个	50
③区级政府财政中有专门用于优化能源结构工作的专项资金	满足 4 个计分点中的任意 1 个	25
④有社会资本支持能源结构的优化工作	无任何相关内容	0
计分点依据		

计分点①的依据：《国家发展改革委 国家能源局关于完善能源绿色低碳转型体制机制和政策措施的意见》强调建立支持
　　能源绿色低碳转型的财政金融政策保障机制是优化能源结构优化专项资金投入的重要内容
计分点②③的依据：《清洁能源发展专项资金管理暂行办法》《节能减排补助资金管理暂行办法》都强调设立用于支持可再
　　生能源、清洁化石能源开发利用以及化石能源清洁化利用等方面的专项资金是优化能源结构优化专项资金投入的重要内容
计分点④的依据：《国家发展改革委 国家能源局关于完善能源绿色低碳转型体制机制和政策措施的意见》强调，要探索
　　以市场化方式吸引社会资本支持、资金投入大、研究难度高的战略性清洁低碳能源技术研发和示范项目，有社会资本支
　　持是优化能源结构优化专项资金投入的重要体现

3. 得分变量(3)

得分变量(3)的计分标准见表 3.5。

表 3.5　人力资源保障程度($En-I_{1-3}$)计分标准

计分点	计分要求	计分
	满足所有计分点	100
①有负责优化能源结构相关工作的市级领导小组	满足 4 个计分点中的任意 3 个	75
②市级人民政府有负责优化能源结构相关工作的机构	满足 4 个计分点中的任意 2 个	50
③区(县)级人民政府有负责优化能源结构相关工作的部门	满足 4 个计分点中的任意 1 个	25
④成立了负责优化能源结构的智库团队	无任何相关内容	0
计分点依据		

计分点①②③的依据：《党领导能源发展的历史经验与启示》《能源生产和消费革命战略(2016—2030)》都强调推进能源
　　革命时必须统一思想，加强组织领导，健全领导体制和工作机制，明确责任主体，因此建立相关领导小组、机构和部门
　　是优化能源结构的人力资源保障的重要内容
计分点④的依据：《国家发展改革委 国家能源局关于完善能源绿色低碳转型体制机制和政策措施的意见》《关于加快推
　　进能源数字化智能化发展的若干意见》都强调要加快针对能源低碳转型的人才培养，而智库团队是优化能源结构的重要
　　人力资源保障

4. 得分变量(4)

得分变量(4)的计分标准见表 3.6。

表 3.6　技术条件保障程度(En-I$_{1-4}$)计分标准

计分点	计分要求	计分
	满足所有计分点	100
①在能源领域建立了重点实验室、技术研究中心等各类创新平台	满足 4 个计分点中的任意 3 个	75
②能源领域的企业拥有优化能源结构的相关技术设备	满足 4 个计分点中的任意 2 个	50
③能源领域的企业与知名院校、科研机构开展技术合作项目(产学研融合)	满足 4 个计分点中的任意 1 个	25
④能源领域有数字化与智能化技术的融合应用	无任何相关内容	0

计分点依据

计分点①的依据：《国家发展改革委　国家能源局关于完善能源绿色低碳转型体制机制和政策措施的意见》强调要建设能源领域的重点实验室、技术研究中心等各类创新平台，并发挥好它们的作用，这是优化能源结构的重要技术条件保障

计分点②的依据：《国家发展改革委　国家能源局关于完善能源绿色低碳转型体制机制和政策措施的意见》强调要规范并完善与能源绿色低碳转型相关的技术设备和设施，这是优化能源结构的重要技术条件保障

计分点③的依据：《国家发展改革委　国家能源局关于完善能源绿色低碳转型体制机制和政策措施的意见》强调要推动产学研用的深度融合，这是优化能源结构的重要技术条件保障

计分点④的依据：《2023 年能源工作指导意见》《关于加快推进能源数字化智能化发展的若干意见》强调要加快推进能源数字化与智能化发展，这是优化能源结构的重要技术条件保障

第三节　能源结构维度的检查环节

能源结构维度的检查(C)环节发挥着"净化器"的作用，可对能源结构的优化过程进行全方位的监督。该环节包含 1 个指标：对能源结构优化的监督(En-C$_1$)。国家历年出台的关于能源监管工作要点的通知都强调要全面推进高质量能源监管，以助力能源的高质量发展。因此，该环节选取对能源结构优化的监督作为指标，具体包括相关规章制度的完善程度[得分变量(1)]、专项资金保障程度[得分变量(2)]、人力资源保障程度[得分变量(3)]、技术条件保障程度[得分变量(4)]四个得分变量。它们是能源结构优化监督的主要内容，可以确保监督过程的规范性，有效地推动能源结构维度的检查环节在城市低碳建设过程中顺利实施。

1. 得分变量(1)

得分变量(1)的计分标准见表 3.7。

表 3.7　相关规章制度的完善程度(En-C$_{1-1}$)计分标准

计分点	计分要求	计分
	满足所有计分点	100
①有与监督能源结构优化相关的上级法规或规章	满足 4 个计分点中的任意 3 个	75
②有与监督能源结构优化相关的市级规范性政策文件	满足 4 个计分点中的任意 2 个	50
③发布与年度全市能源监察执法计划相关的行政公文	满足 4 个计分点中的任意 1 个	25
④发布与监督能源结构优化相关的新闻报道等社会公开信息	无任何相关内容	0

计分点依据
计分点①②③的依据：《2023 年能源监管工作要点》《国家能源局 2022 年度法治政府建设进展情况》《中华人民共和国节约能源法》《中华人民共和国可再生能源法》《清洁能源消纳情况综合监管工作方案》都强调上级法规或规章、规范性政策文件和行政公文是监督能源结构优化相关规章制度的重要内容
计分点④的依据：《法治政府建设实施纲要（2021—2025 年）》《国家能源局 2022 年度法治政府建设进展情况》都强调推进关于能源绿色低碳转型的政务公开和社会监督是监督能源结构优化相关规章制度的重要内容

2. 得分变量（2）

得分变量（2）的计分标准见表 3.8。

表 3.8　专项资金保障程度（En-C_{1-2}）计分标准

计分点	计分要求	计分
	满足所有计分点	100
①有明确的关于监督能源结构优化的资金管理办法	满足 4 个计分点中的任意 3 个	75
②市级政府财政中有专门用于监督能源结构优化工作的专项资金	满足 4 个计分点中的任意 2 个	50
③区级政府财政中有专门用于监督能源结构优化工作的专项资金	满足 4 个计分点中的任意 1 个	25
④有社会资本支持监督能源结构优化工作	无任何相关内容	0

计分点依据
计分点①的依据：《国家发展改革委　国家能源局关于完善能源绿色低碳转型体制机制和政策措施的意见》强调制定明确的监督资金管理办法是监督能源结构优化专项资金投入的重要内容
计分点②③的依据：《2023 年能源监管工作要点》《清洁能源发展专项资金管理暂行办法》都强调设立用于监察工作的专项资金是监督能源结构优化专项资金投入的重要内容
计分点④的依据：《国家发展改革委　国家能源局关于完善能源绿色低碳转型体制机制和政策措施的意见》强调要吸引社会资本支持低碳能源项目，因此有社会资本支持监督能源结构优化工作是监督能源结构优化专项资金投入的重要体现

3. 得分变量（3）

得分变量（3）的计分标准见表 3.9。

表 3.9　人力资源保障程度（En-C_{1-3}）计分标准

计分点	计分要求	计分
	满足所有计分点	100
①政府设立能源监督工作领导小组	满足 4 个计分点中的任意 3 个	75
②政府设立专门的能源监督机构	满足 4 个计分点中的任意 2 个	50
③政府设立专门的能源监督部门	满足 4 个计分点中的任意 1 个	25
④政府设立专门的节能监督大队或支队	无任何相关内容	0

计分点依据
计分点依据：《2023 年能源监管工作要点》强调要加强能源监管队伍建设，包括领导小组、机构、部门和大队或支队，它们是监督能源结构优化的重要人力资源保障

4. 得分变量（4）

得分变量（4）的计分标准见表 3.10。

表 3.10　技术条件保障程度(En-C$_{1-4}$)计分标准

计分点	计分要求	计分
①有用于监督能源结构优化的政务平台(如电子政务网站、监督电话、线下政务服务网点等)	满足所有计分点	100
	满足 4 个计分点中的任意 3 个	75
②有用于监督能源结构优化的基础设施(如"双碳大脑""临碳大脑"等数智化管控平台)	满足 4 个计分点中的任意 2 个	50
③有用于监督能源结构优化的能源安全监测预警系统	满足 4 个计分点中的任意 1 个	25
④有关于监督能源结构优化的产学研技术合作项目	无任何相关内容	0

计分点依据
计分点①的依据:《国家发展改革委 国家能源局关于完善能源绿色低碳转型体制机制和政策措施的意见》强调要建立能源监管综合政务平台,这是监督能源结构优化的重要技术条件保障
计分点②的依据:《国家发展改革委 国家能源局关于完善能源绿色低碳转型体制机制和政策措施的意见》强调要推动能源监管基础设施建设,这是监督能源结构优化的重要技术条件保障
计分点③的依据:《国家发展改革委 国家能源局关于完善能源绿色低碳转型体制机制和政策措施的意见》强调要健全能源安全监测预警系统建设,这是监督能源结构优化的重要技术条件保障
计分点④的依据:《国家发展改革委 国家能源局关于完善能源绿色低碳转型体制机制和政策措施的意见》强调要推动能源监管领域产学研用的深度融合,这是监督能源结构优化的重要技术条件保障

第四节　能源结构维度的结果环节

能源结构维度的结果(O)环节发挥着"多棱镜"的作用,可体现能源结构优化调整的效果。该环节包含 1 个指标:能源结构的低碳水平(En-O$_1$)。《"十四五"现代能源体系规划》《能源技术革命创新行动计划(2016—2030 年)》都提出,中国能源的发展到了转型变革的新起点。因此,该环节选取能源结构的低碳水平作为指标,具体包括非化石能源占一次能源消费比重(En-O$_{1-1}$)、煤炭占一次能源消费比重(En-O$_{1-2}$)两个得分变量。它们是能源结构优化的重要内容,可以反映能源结构转型升级的结果,体现城市在能源结构维度的低碳建设水平,其计算方法见表 3.11。

表 3.11　能源结构的低碳水平(En-O$_1$)计算方法

得分变量	得分变量编号	计算方法
非化石能源占一次能源消费比重/%	En-O$_{1-1}$	该得分变量为正向定量指标变量,采用式(2.16)进行计算
煤炭占一次能源消费比重/%	En-O$_{1-2}$	该得分变量为负向定量指标变量,采用式(2.17)进行计算

得分变量依据
得分变量 En-O$_{1-1}$ 的依据:《"十四五"现代能源体系规划》《能源技术革命创新行动计划(2016—2030 年)》都强调非化石能源占一次能源消费比重的升高是我国逐步从以化石能源为主过渡到以新型能源为主的重要标志
得分变量 En-O$_{1-2}$ 的依据:《"十四五"现代能源体系规划》《"十四五"可再生能源发展规划》《能源技术革命创新行动计划(2016—2030 年)》都提出,中国能源的发展到了转型变革的新起点,煤炭占一次能源消费比重的降低是我国逐步从以化石能源为主过渡到以新型能源为主的重要标志

第五节　能源结构维度的反馈环节

能源结构维度的反馈(F)环节发挥着"驱动力"的作用,可反映能源结构优化调整的效果。该环节包含 1 个指标：进一步改进能源结构以实现减排的措施和方案($En-F_1$)。《国家发展改革委 国家能源局关于完善能源绿色低碳转型体制机制和政策措施的意见》提出，要完善能源绿色低碳发展相关机制。因此，该环节选取进一步改进能源结构以实现减排的措施和方案作为指标，具体包括对通过优化能源结构实现减排的主体给予激励[得分变量(1)]、对没有优化能源结构而无法实现减排的主体施以处罚[得分变量(2)]、制定优化能源结构以实现减排的措施和方案[得分变量(3)]三个得分变量。它们是优化能源结构的重要内容，可以推动在全社会形成广泛的节能减排氛围和绿色环保意识，有利于城市在能源结构维度提高低碳建设水平。

1. 得分变量(1)

得分变量(1)的计分标准见表 3.12。

表 3.12 对通过优化能源结构实现减排的主体给予激励($En-F_{1-1}$)计分标准

计分点	计分要求	计分
	满足所有计分点	100
①有明确的激励制度	满足 4 个计分点中的任意 3 个	75
②对在优化能源结构工作上表现优秀的单位或个人授予荣誉，或予以通报表彰	满足 4 个计分点中的任意 2 个	50
③对在优化能源结构工作上表现突出的单位或个人予以奖金奖励	满足 4 个计分点中的任意 1 个	25
④对在优化能源结构工作上表现良好的单位或个人给予补助资金	无任何相关内容	0
计分点依据		

计分点①的依据：《国家发展改革委 国家能源局关于完善能源绿色低碳转型体制机制和政策措施的意见》《"十四五"节能减排综合工作方案》都强调应完善能源领域的激励机制
计分点②③的依据：《"十四五"节能减排综合工作方案》强调应对超额完成节能目标的主体给予荣誉或奖励
计分点④的依据：《节能减排补助资金管理暂行办法》强调应根据节能减排工作绩效给予补助资金

2. 得分变量(2)

得分变量(2)的计分标准见表 3.13。

表 3.13 对没有优化能源结构而无法实现减排的主体施以处罚($En-F_{1-2}$)计分标准

计分点	计分要求	计分
	满足所有计分点	100
①有明确的处罚制度	满足 4 个计分点中的任意 3 个	75
②对未完成能源结构优化目标的单位或个人进行通报批评	满足 4 个计分点中的任意 2 个	50
③对未完成能源结构优化目标的单位或个人给予警告、罚款或问责等行政处罚	满足 4 个计分点中的任意 1 个	25
④将有违法违规用能行为的用能单位记入黑名单	无任何相关内容	0
计分点依据		

计分点①②③的依据：《中华人民共和国行政处罚法》《国家能源局行政处罚程序规定》《国家能源局行政处罚裁量权基准》强调了处罚机制的重要性，并明确指出要规范能源行政执法行为
计分点④的依据：《国务院办公厅关于进一步完善失信约束制度构建诚信建设长效机制的指导意见》《能源行业信用信息应用清单(2023 年版)》《2023 年能源监管工作要点》都强调要完善能源行业信用机制，将有违法违规用能行为的用能单位记入黑名单，以体现对用能失信的约束惩罚

3. 得分变量(3)

得分变量(3)的计分标准见表 3.14。

表 3.14　制定优化能源结构以实现减排的措施和方案($En-F_{1-3}$)计分标准

计分点	计分要求	计分
	满足所有计分点	100
①召开进一步优化能源结构的专题总结会议	满足 4 个计分点中的任意 3 个	75
②制定进一步优化能源结构的总结文本	满足 4 个计分点中的任意 2 个	50
③发布的总结文本中有相关经验或教训		
④发布的总结文本中提出了改进方案	满足 4 个计分点中的任意 1 个	25
	无任何相关内容	0
计分点依据		

计分点①的依据：2023 年 1 月 18 日，国家能源局 2023 年监管工作会议在京召开，会议对 2022 年的监管工作进行了回顾和总结，强调了召开有关优化能源结构的专题总结会议的重要性

计分点②③④的依据：《"十四五"节能减排综合工作方案》《法治政府建设实施纲要(2021—2025 年)》强调要严格实施能源利用状况报告制度，制定改进方案和总结文本等，并按时向社会公开

第四章 经济发展维度低碳建设水平计分标准

第一节 经济发展维度的规划环节

规划(P)环节具有"指挥棒"的作用,经济发展维度的规划环节为城市低碳建设指明了方向。IPCC 第五次工作报告、《IPCC 国家温室气体清单指南》《省级温室气体清单编制指南》等强调要控制工业、建筑和交通领域的碳排放,国务院印发的《关于加快建立健全绿色低碳循环发展经济体系的指导意见》指出工业、建筑、交通、基础设施等领域是碳排放的主要来源,也是国家实现经济低碳循环发展的主战场。各城市应在总体方针政策的指引下,重点落实工业、建筑、交通和基础设施领域的低碳规划。因此,该环节选择绿色低碳经济规划(Ec-P$_1$)作为指标,具体包括绿色低碳工业转型规划内容[得分变量(1)]、绿色低碳建筑业规划内容[得分变量(2)]、绿色低碳交通体系规划内容[得分变量(3)]、绿色低碳基础设施规划内容[得分变量(4)]四个得分变量。

1. 得分变量(1)

得分变量(1)的计分标准见表 4.1。

表 4.1 绿色低碳工业转型规划内容(Ec-P$_{1-1}$)计分标准

计分点	计分要求	计分
	满足所有计分点	100
①规划提出产业结构优化升级	满足 5 个计分点中的任意 4 个	80
②规划提出大力发展循环经济	满足 5 个计分点中的任意 3 个	60
③规划提出推进工业领域数字化转型		
④规划提出推行绿色制造典型示范	满足 5 个计分点中的任意 2 个	40
⑤规划提出推进工业领域节能降碳	满足 5 个计分点中的任意 1 个	20
	无任何相关内容	0
计分点依据		

计分点依据:工业和信息化部、国家发展改革委、生态环境部联合发布的《工业领域碳达峰实施方案》强调深度调整产业结构、大力发展循环经济、主动推进工业领域数字化转型、积极推行绿色制造、深入推进节能降碳是工业领域碳达峰的重点任务。

2. 得分变量(2)

得分变量(2)的计分标准见表 4.2。

表 4.2　绿色低碳建筑业规划内容(Ec-P$_{1-2}$)计分标准

计分点	计分要求	计分
	满足所有计分点	100
①规划提出推进既有建筑绿色化改造	满足 5 个计分点中的任意 4 个	80
②规划提出发展绿色低碳建筑	满足 5 个计分点中的任意 3 个	60
③规划提出推进新型建筑工业化发展	满足 5 个计分点中的任意 2 个	40
④规划提出推动绿色低碳建材应用	满足 5 个计分点中的任意 1 个	20
⑤规划提出完善相关政策法规和标准计量体系	无任何相关内容	0
计分点依据		

计分点①②的依据：《城乡建设领域碳达峰实施方案》强调要持续开展绿色建筑创建行动
计分点③④的依据：《城乡建设领域碳达峰实施方案》强调要从建筑工业化和绿色低碳建材应用两方面推进绿色低碳建造
计分点⑤的依据：《城乡建设领域碳达峰实施方案》强调要推动完善城乡建设领域的法规体系和标准计量体系

3. 得分变量(3)

得分变量(3)的计分标准见表 4.3。

表 4.3　绿色低碳交通体系规划内容(Ec-P$_{1-3}$)计分标准

计分点	计分要求	计分
	满足所有计分点	100
①规划提出优化低碳综合运输结构	满足 5 个计分点中的任意 4 个	80
②规划提出优化市域内外交通网络	满足 5 个计分点中的任意 3 个	60
③规划提出推进低碳交通装备升级	满足 5 个计分点中的任意 2 个	40
④规划提出推进低碳设施体系建设	满足 5 个计分点中的任意 1 个	20
⑤规划提出强化科技创新支撑引领作用	无任何相关内容	0
计分点依据		

计分点依据：《交通运输领域绿色低碳发展实施方案》强调交通运输领域绿色低碳发展的重点任务主要为优化和升级城际交通体系、市内交通体系、货运网络、交通装备(车、船)、交通基础设施(充换电设施、枢纽场站)，以及强化科技创新的支撑引领作用

4. 得分变量(4)

得分变量(4)的计分标准见表 4.4。

表 4.4　绿色低碳基础设施规划内容(Ec-P$_{1-4}$)计分标准

计分点	计分要求	计分
	满足所有计分点	100
①规划提出建设绿色低碳能源基础设施	满足 5 个计分点中的任意 4 个	80
②规划提出城镇环境基础设施建设升级	满足 5 个计分点中的任意 3 个	60
③规划提出交通基础设施绿色发展	满足 5 个计分点中的任意 2 个	40
④规划提出数字化新基建	满足 5 个计分点中的任意 1 个	20
⑤规划提出改善人居环境	无任何相关内容	0
计分点依据		

计分点依据：《国务院关于加快建立健全绿色低碳循环发展经济体系的指导意见》强调要加快基础设施绿色升级，包括能源基础设施、城镇环境基础设施、交通基础设施、人居环境基础设施和数字化新基建等

第二节　经济发展维度的实施环节

经济发展维度的实施(I)环节发挥着"工具箱"的作用，其可通过汇聚多方力量，并整合多种保障机制和资源，确保经济发展维度的调整和优化在城市低碳建设过程中顺利实现。该环节包含 1 个指标：发展绿色低碳经济的保障($Ec-I_1$)。在发展低碳循环经济目标的驱动下，各城市需依据经济发展的低碳规划在制度、市场机制、资金、人力和技术层面实施相应的工作。因此，该环节选取发展绿色低碳经济的保障作为指标，具体包括相关规章制度的完善程度[得分变量(1)]、绿色低碳经济建设的市场运行机制保障[得分变量(2)]、专项资金保障程度[得分变量(3)]、人力资源保障程度[得分变量(4)]和技术条件保障程度[得分变量(5)]五个得分变量。它们是经济发展维度实施环节的主要诊断内容。

1. 得分变量(1)

得分变量(1)的计分标准见表 4.5。

表 4.5　相关规章制度的完善程度($Ec-I_{1-1}$)计分标准

计分点	计分要求	计分
	满足所有计分点	100
①有具体落实工业领域绿色低碳循环发展的相关法规、规章、政策文件	满足 5 个计分点中的任意 4 个	80
②有具体落实建筑领域绿色低碳循环发展的相关法规、规章、政策文件	满足 5 个计分点中的任意 3 个	60
③有具体落实交通领域绿色低碳循环发展的相关法规、规章、政策文件	满足 5 个计分点中的任意 2 个	40
④有具体落实基础设施领域绿色低碳循环发展的相关法规、规章、政策文件	满足 5 个计分点中的任意 1 个	20
⑤有畅通的绿色低碳循环经济建设相关政务事项的线上线下办事途径	无任何相关内容	0

计分点依据
计分点①②③④的依据：《国务院关于加快建立健全绿色低碳循环发展经济体系的指导意见》提出工业、建筑、交通、基础设施等领域是碳排放的重要来源
计分点⑤的依据：《国务院关于在线政务服务的若干规定》明确提出要加快一体化在线平台建设，并依托一体化在线平台推进政务服务线上线下深度融合

2. 得分变量(2)

得分变量(2)的计分标准见表 4.6。

表 4.6　绿色低碳经济建设的市场运行机制保障($Ec-I_{1-2}$)计分标准

计分点	计分要求	计分
	满足所有计分点	100
①有绿色收费价格机制	满足 5 个计分点中的任意 4 个	80
②有财税扶持政策	满足 5 个计分点中的任意 3 个	60
③发展绿色金融	满足 5 个计分点中的任意 2 个	40
④有绿色认证体系	满足 5 个计分点中的任意 1 个	20
⑤有绿色交易市场机制	无任何相关内容	0

计分点依据
计分点依据：《国务院关于加快建立健全绿色低碳循环发展经济体系的指导意见》强调各地区要健全绿色收费价格机制、加大绿色循环经济的财税扶持力度、大力发展绿色金融、完善绿色标准和绿色认证体系、培育绿色交易市场机制等，它们是绿色低碳循环经济建设的市场运行机制保障的重要内容

3. 得分变量（3）

得分变量（3）的计分标准见表 4.7。

表 4.7　专项资金保障程度（$Ec\text{-}I_{1\text{-}3}$）计分标准

计分点	计分要求	计分
①有政府专项资金支持推进工业降碳和绿色建筑、绿色交通体系、市政设施的建设	满足计分点①②③	100
	满足计分点①②③中的任意 2 个	75
②有社会资本支持推进绿色低碳循环经济的发展	满足计分点①②③中的任意 1 个	50
③专项资金有配套的资金管理办法（明确资金来源、支持对象、支持方式、支持标准、申报审批流程）	满足计分点④	25
④提出专项资金的重要性，但无具体资金设立	无任何相关内容	0

计分点依据
计分点①的依据：《财政支持做好碳达峰碳中和工作的意见》强调要强化财政资金的支持引导作用，加强财政资源统筹，优化财政支出结构，加大对碳达峰碳中和工作的支持力度，表明政府专项资金对低碳经济的建设非常重要
计分点②的依据：《财政支持做好碳达峰碳中和工作的意见》强调要健全市场化多元化投入机制，而社会资本的投资对推进绿色低碳循环经济的建设非常重要
计分点③的依据：《财政支持做好碳达峰碳中和工作的意见》强调各级财政部门要加快梳理现有政策，明确支持碳达峰碳中和相关资金投入渠道，将符合规定的碳达峰碳中和相关工作任务纳入支持范围，严格进行预算管理，不断提升财政资源配置效率和碳达峰碳中和支持资金使用效益
计分点④的依据：本计分点的依据包含在以上 3 个计分点依据中。以上 3 个计分点的依据表明了提供专项资金对建设低碳经济的重要性，而提出专项资金重要性正是为低碳经济建设提供资金保障的第一步，需要鼓励并评价

4. 得分变量（4）

得分变量（4）的计分标准见表 4.8。

表 4.8　人力资源保障程度（$Ec\text{-}I_{1\text{-}4}$）计分标准

计分点	计分要求	计分
	满足计分点①②③	100
①有负责绿色低碳循环发展经济体系建设工作的市级领导小组	满足计分点①②③中的任意 2 个	75
②有负责创新完善绿色低碳循环发展经济体系的专家库	满足计分点①②③中的任意 1 个	50
③有推动建立绿色低碳循环发展经济体系的协会	满足计分点④	25
④提出人力资源保障的重要性，但无具体人员安排	无任何相关内容	0

计分点依据
计分点①的依据：《国务院关于加快建立健全绿色低碳循环发展经济体系的指导意见》明确要求各地区要建立专项领导小组，以保障相关工作得以落实和实施
计分点②③的依据：《国务院关于加快建立健全绿色低碳循环发展经济体系的指导意见》强调要加强与世界上各个国家和地区在绿色低碳循环发展经济领域的政策沟通、技术交流、项目合作、人才培训等，而专家库、协会等对低碳经济的发展具有重要意义
计分点④的依据：本计分点的依据包含在以上 3 个计分点依据中。以上 3 个计分点的依据表明了提供人力资源保障对建设低碳经济的重要性，而提出人力资源保障重要性正是为低碳经济建设提供人力资源保障的第一步，需要鼓励并评价

5. 得分变量(5)

得分变量(5)的计分标准见表4.9。

表4.9　技术条件保障程度($Ec\text{-}I_{1\text{-}5}$)计分标准

计分点	计分要求	计分
①有工业互联网体系,运用新一代信息技术大力推动产业结构转型升级 ②有创新型绿色低碳产业园区 ③引进先进高精尖技术 ④提出技术条件保障的重要性,但无具体实施方案	满足计分点①②③	100
	满足计分点①②③中的任意2个	75
	满足计分点①②③中的任意1个	50
	满足计分点④	25
	无任何相关内容	0
计分点依据		
计分点依据:工业和信息化部、人民银行、银保监会、证监会联合发布的《关于加强产融合作推动工业绿色发展的指导意见》强调要以工业高端化、智能化支撑绿色化,通过绿色技术驱动工业经济规模化、系统化转型,表明技术条件的保障对于低碳经济的发展非常重要		

第三节　经济发展维度的检查环节

经济发展维度的检查(C)环节发挥着“净化器”的作用,可对经济发展的优化过程进行全方位的监督。该环节包含1个指标:绿色低碳经济体系的检查内容($Ec\text{-}C_1$),具体包括相关规章制度的完善和公开程度[得分变量(1)]、落实监督行为的资源保障[得分变量(2)]、监督行为的公开程度[得分变量(3)]三个得分变量。

1. 得分变量(1)

得分变量(1)的计分标准见表4.10。

表4.10　相关规章制度的完善和公开程度($Ec\text{-}C_{1\text{-}1}$)计分标准

计分点	计分要求	计分
①有监督绿色低碳循环经济发展工作的相关地方性法规和行政公文 ②相关监督行为体现为零散的公开信息(如散落在政务或行业协会网站各板块的公示、公告、通知、政务办理指南,以及官方媒体的某篇新闻报道等) ③相关监督行为体现为成体系的公开信息(如政府或行业协会网站专栏专题中的公示、公告、通知、政务办理指南,以及官方媒体的系列新闻报道等) ④提出低碳经济体系监督机制的重要性,但未出台有关法规或公文;提出公布监督行为的重要性,但无具体的体现形式	满足计分点①②③	100
	满足计分点①②③中的任意2个	75
	满足计分点①②③中的任意1个	50
	满足计分点④	25
	无任何相关内容	0
计分点依据		
计分点依据:《国务院关于加强和规范事中事后监管的指导意见》强调要制定监管规则和标准,并向社会公开,以科学合理的规则标准提升监管的有效性		

2. 得分变量(2)

得分变量(2)的计分标准见表4.11。

表 4.11 落实监督行为的资源保障（Ec-C$_{1-2}$）计分标准

计分点	计分要求	计分
①有负责监督绿色低碳循环发展经济体系相关工作的监管队伍 ②设置用于监督考核各行业碳排放情况的专项资金 ③在监督绿色低碳循环发展经济体系相关工作时应用现代科技手段 ④有用于监督绿色低碳循环发展经济体系相关工作的政务通道（如电子政务网、监督电话、线下政务服务网点等） ⑤提出落实监督行为的各种资源保障的重要性，但无具体实施方案	满足计分点①②③④	100
	满足计分点①②③④中的任意 3 个	80
	满足计分点①②③④中的任意 2 个	60
	满足计分点①②③④中的任意 1 个	40
	满足计分点⑤	20
	无任何相关内容	0
计分点依据		
计分点依据：《国务院关于加强和规范事中事后监管的指导意见》明确指出在监督工作中要加强监管能力建设，包括加快建设高素质、职业化、专业化的监管执法队伍，扎实做好技能提升工作，大力培养"一专多能"的监管执法人员；推进人财物等监管资源向基层下沉，保障基层经费和装备投入；推进执法装备标准化建设，提高现代科技手段在执法办案中的应用水平		

3. 得分变量（3）

得分变量（3）的计分标准见表 4.12。

表 4.12 监督行为的公开程度（Ec-C$_{1-3}$）计分标准

计分点	计分要求	计分
①以工作报告形式对社会公布绿色低碳循环发展经济体系建设的常规监督结果 ②以新闻报道形式对社会公布绿色低碳循环发展经济体系建设的常规监督结果 ③以工作报告形式对社会公布绿色低碳循环发展经济体系建设的专项监督结果 ④以新闻报道形式对社会公布绿色低碳循环发展经济体系建设的专项监督结果 ⑤提出公布监督行为的重要性，但无具体的体现形式	满足计分点①②③④	100
	满足计分点①②③④中的任意 3 个	80
	满足计分点①②③④中的任意 2 个	60
	满足计分点①②③④中的任意 1 个	40
	满足计分点⑤	20
	无任何相关内容	0
计分点依据		
计分点依据：《国务院关于加强和规范事中事后监管的指导意见》强调应建立统一的执法信息公示平台，秉持"谁执法谁公示"的原则，除涉及国家机密、商业机密、个人隐私等依法不予公开的信息外，行政执法职责、依据、程序、结果等都应对社会公开		

第四节 经济发展维度的结果环节

经济发展维度的结果（O）环节发挥着"多棱镜"的作用，可体现经济发展维度优化调整的效果。低碳经济建设既要考虑低碳，也要考虑经济发展，不能只减碳不发展经济，也不能只发展经济不减碳。因此，该环节包括碳排放水平（Ec-O$_1$）和经济发展水平与产业结构合理化水平（Ec-O$_2$）两个指标，碳排放水平计算方法见表 4.13，经济发展水平与产业结构合理化水平计算方法见表 4.14。

1. 结果指标(1)

表 4.13   碳排放水平($Ec\text{-}O_1$)计算方法

得分变量	得分变量编号	计算方法
碳排放总量/t_{CO_2}	$Ec\text{-}O_{1\text{-}1}$	依据绝对脱钩和相对脱钩的原理,只要出现下降趋势,得 100 分;出现上升趋势时,得分为(1−碳排放总量上升率)×100;上升率超过 100%时,得 0 分
人均 CO_2 排放量/(t_{CO_2}/人)	$Ec\text{-}O_{1\text{-}2}$	该得分变量为负向定量指标变量,采用式(2.17)进行计算
单位工业增加值的碳排放量 /(t_{CO_2}/万元)	$Ec\text{-}O_{1\text{-}3}$	该得分变量为负向定量指标变量,采用式(2.17)进行计算
得分变量依据		

得分变量 $Ec\text{-}O_{1\text{-}1}$ 的依据:《中共中央 国务院关于完整准确全面贯彻新发展理念做好碳达峰碳中和工作的意见》明确提出要统筹建立碳排放总量控制制度,碳排放总量是国家层面的重点指标

得分变量 $Ec\text{-}O_{1\text{-}2}$ 的依据:庄贵阳(2020)的研究指出,考虑到碳排放的直接影响因素和公平性,人均 CO_2 排放量是一个重点考核指标

得分变量 $Ec\text{-}O_{1\text{-}3}$ 的依据:《"十四五"工业绿色发展规划》明确提出单位工业增加值的碳排放量降低目标值,表明该指标对于绿色低碳经济发展结果的表征非常重要

2. 结果指标(2)

表 4.14   经济发展水平与产业结构合理化水平($Ec\text{-}O_2$)计算方法

得分变量	得分变量编号	计算方法
GDP/万元	$Ec\text{-}O_{2\text{-}1}$	该得分变量为正向定量指标变量,采用式(2.16)进行计算
人均 GDP/元	$Ec\text{-}O_{2\text{-}2}$	该得分变量为正向定量指标变量,采用式(2.16)进行计算
第三产业增加值占第二产业增加值的百分比/%	$Ec\text{-}O_{2\text{-}3}$	该得分变量为正向定量指标变量,采用式(2.16)进行计算
泰尔指数	$Ec\text{-}O_{2\text{-}4}$	该得分变量为负向定量指标变量,采用式(2.17)进行计算
得分变量依据		

得分变量 $Ec\text{-}O_{2\text{-}1}$ 和得分变量 $Ec\text{-}O_{2\text{-}2}$ 的依据:GDP 和人均 GDP 是表征经济发展水平的最常见和最常用的指标

得分变量 $Ec\text{-}O_{2\text{-}3}$ 的依据:产业结构对碳排放量存在重大影响,仅次于能源消费情况。我国第二产业占第三产业的比例每变动 1%,碳排放量随之变动 0.3598%(李健和周慧,2012)。可见,第二产业与第三产业的比例对碳排放具有重要意义。具体而言,对传统能源依赖度较低的第三产业越发达,碳排放量越容易降低。因此,从促进低碳发展的角度而言,城市应该在保证产业结构合理的情况下,尽量追求第三产业增加值的上升,这可以用"第三产业增加值占第二产业增加值的百分比"来表示

得分变量 $Ec\text{-}O_{2\text{-}4}$ 的依据:泰尔指数是一个表征产业结构合理性的常见指标(干春晖等,2015)

第五节   经济发展维度的反馈环节

经济发展维度的反馈(F)环节发挥着"驱动力"的作用,可推进经济发展维度低碳建设的进一步优化和调整。该环节包含 1 个指标:进一步发展低碳绿色经济的措施和方案($Ec\text{-}F_1$),具体包括对绿色低碳循环经济建设实施得较好/较差的主体给予激励/处罚措施[得分变量(1)]、进一步优化绿色低碳经济结构的措施和方案[得分变量(2)]两个得分变量。

1. 得分变量（1）

得分变量（1）的计分标准见表 4.15。

表 4.15　对绿色低碳循环经济建设实施得较好/较差的主体给予激励/处罚措施（Ec-F$_{1-1}$）计分标准

计分点	计分要求	计分
①基于绩效考核对行政主体进行奖励 ②基于绩效考核对企业和其他主体进行奖励 ③基于绩效考核对行政主体进行处罚 ④基于绩效考核对企业和其他主体进行处罚 ⑤提出基于绩效考核的奖惩制度的重要性，但无具体落实措施，或未公布具体措施	满足计分点①②③④	100
	满足计分点①②③④中的任意 3 个	80
	满足计分点①②③④中的任意 2 个	60
	满足计分点①②③④中的任意 1 个	40
	满足计分点⑤	20
	无任何相关内容	0
计分点依据		
计分点依据：2016 年 1 月 6 日，李克强总理在国务院常务会议上指出，督查要建立奖惩并举机制，根据督查情况完善激励和问责机制，以奖惩分明促勤政有为。《国务院关于加强和规范事中事后监管的指导意见》强调要对监管中发现的违法违规问题，综合运用行政强制、行政处罚、联合惩戒、移送司法机关处理等手段，依法进行惩处		

2. 得分变量（2）

得分变量（2）的计分标准见表 4.16。

表 4.16　进一步优化绿色低碳经济结构的措施和方案（Ec-F$_{1-2}$）计分标准

计分点	计分要求	计分
①政府主管部门召开绿色低碳循环经济建设相关专题总结会议或发布相关总结文本 ②政府部门发布的总结文本中有相关经验教训并提出改进方案 ③重点行业头部企业召开绿色产业发展相关专题总结会议或发布相关总结文本 ④重点行业头部企业发布的总结文本中有相关经验教训并提出改进方案 ⑤提出进一步优化方案的重要性，但未在公开渠道公开具体方案	满足计分点①②③④	100
	满足计分点①②③④中的任意 3 个	80
	满足计分点①②③④中的任意 2 个	60
	满足计分点①②③④中的任意 1 个	40
	满足计分点⑤	20
	无任何相关内容	0
计分点依据		
计分点依据：《国务院关于加快建立健全绿色低碳循环发展经济体系的指导意见》强调要做好年度重点工作安排部署，及时总结各地区各有关部门的好经验好模式，探索编制年度绿色低碳循环发展报告		

第五章 生产效率维度低碳建设水平计分标准

第一节 生产效率维度的规划环节

生产效率维度的规划(P)环节是推动城市通过提高生产效率实现减排的原动力，其目的是通过制定明确且有效的规划为后续行动打好基础。该环节包含 1 个指标：提升生产效率的减排规划($Ef\text{-}P_1$)。提升城市生产效率旨在提升城市资源利用率，从宏观角度看，可以通过优化城市产业结构或提高土地利用率提升城市生产效率；从微观角度看，可以通过技术手段帮助各行业提升生产效率。因此，该指标具体包括以下两个得分变量：高效利用资源以降低能耗的规划[得分变量(1)]、提升绿色生产技术或节能装备水平以提升效率的规划[得分变量(2)]。

1. 得分变量(1)

得分变量(1)的计分标准见表 5.1。

表 5.1 高效利用资源以降低能耗的规划($Ef\text{-}P_{1\text{-}1}$)计分标准

计分点	计分要求	计分
	满足所有计分点	100
①提出优化产业或产业结构以降低能耗	满足 5 个计分点中的任意 4 个	80
②提出土地或空间高效利用	满足 5 个计分点中的任意 3 个	60
③提出对低效利用资源进行改进	满足 5 个计分点中的任意 2 个	40
④提出通过智能手段提高资源利用率		
⑤提出高效利用资源以降低能耗的相关具体行动或项目	满足 5 个计分点中的任意 1 个	20
	无任何相关内容	0
计分点依据		

计分点①的依据：2022 年 8 月出台的《工业领域碳达峰实施方案》强调，优化产业结构以提升生产效率是减排工作的重要内容

计分点②的依据：四川省自然资源厅等八部门联合发布的《关于加强开发区土地节约集约利用推动高质量发展的通知》强调，要加强土地节约集约利用，推动高质量发展，这具有极为重要的意义和作用

计分点③的依据：《中国资源综合利用技术政策大纲》强调，应努力改变资源低效利用局面，因此改进低效利用资源在规划中极为重要

计分点④的依据：经济合作与发展组织(Organization for Economic Co-operation and Development，OECD)中国经济政策研究室主任马吉特·莫尔娜提出，数字化是提高生产率的重要途径

计分点⑤的依据：参照《中华人民共和国国民经济和社会发展第十四个五年规划和 2035 年远景目标纲要》，将重大工程落实到具体项目中对于加强前期工作具有重要作用

2. 得分变量(2)

得分变量(2)的计分标准见表 5.2。

表 5.2　提升绿色生产技术或节能装备水平以提升效率的规划(Ef-P$_{1-2}$)计分标准

计分点	计分要求	计分
①提出提升能源、建筑、交通、农业等产业的生产技术水平或改进装备以提升效率 ②提出改造或淘汰水平低的生产技术或装备 ③提出采用智能绿色生产技术或智能节能装备 ④提出提升绿色生产技术或节能装备水平的具体项目或工程	满足所有计分点	100
	满足 4 个计分点中的任意 3 个	75
	满足 4 个计分点中的任意 2 个	50
	满足 4 个计分点中的任意 1 个	25
	无任何相关内容	0
计分点依据		

计分点①的依据:《国务院关于加快建立健全绿色低碳循环发展经济体系的指导意见》强调应推行清洁生产,清洁生产能够有效提升技术水平,因此应将提升各行业的生产技术或装备水平作为提升效率规划的重要内容

计分点②的依据:2012 年出台的《国务院关于促进企业技术改造的指导意见》强调应大力实施技术改造以推动工业健康发展,各行各业同理

计分点③的依据:多国政府、多个行业均提出绿色智能发展对行业发展以及节能降碳的重要性

计分点④的依据:参照《中华人民共和国国民经济和社会发展第十四个五年规划和 2035 年远景目标纲要》,将重大工程落实到具体项目中对于加强前期工作具有重要作用

第二节　生产效率维度的实施环节

在生产效率维度的实施(I)环节,城市需要有相应的制度保障,以及人、财、物方面的保障,以确保从各方面提升城市生产效率的工作可以顺利开展与推进。因此,该环节包含 1 个指标:提升生产效率以实现减排的保障(Ef-I$_1$)。该指标包含四个得分变量:相关规章制度的完善程度[得分变量(1)]、专项资金保障程度[得分变量(2)]、人力资源保障程度[得分变量(3)]和技术条件保障程度[得分变量(4)]。

1. 得分变量(1)

得分变量(1)的计分标准见表 5.3。

表 5.3　相关规章制度的完善程度(Ef-I$_{1-1}$)计分标准

计分点	计分要求	计分
①有保障提升城市生产效率以实现减排的地方性法规、规章或规范性文件 ②有保障提升城市生产效率以实现减排工作落实的地方工作文件 ③电子政务平台设有节能相关专题专栏并涉及提升生产效率以实现减排的相关内容 ④明确提出相关规章制度完善程度的重要性,但没有相关行动	满足计分点①②③	100
	满足计分点①②③中的任意 2 个	75
	满足计分点①②③中的任意 1 个	50
	满足计分点④	25
	无任何相关内容	0
计分点依据		

计分点①的依据:规范性文件是各级机关、团体、组织制发的各类文件中最主要的一类,其具有约束和规范人们行为的作用,可保证提升生产效率和减排工作的推进

计分点②的依据:落实地方工作文件对于推进提升生产效率和减排工作来说是重要环节,可保证工作的实施落地

计分点③的依据:《国家信息化发展战略纲要》提出,建设互联网大数据平台对于统筹信息资源非常重要,可以保障推进提升生产效率和减排工作的通畅程度

计分点④的依据:规章制度的完善程度对于提升生产效率和减排工作非常重要,因此地方政府需要跟进该项工作

2. 得分变量(2)

得分变量(2)的计分标准见表 5.4。

表 5.4 专项资金保障程度(Ef-I$_{1-2}$)计分标准

计分点	计分要求	计分
①技术升级项目专项资金补贴占固定资产投资补贴的比例≥30% ②22.5%≤技术升级项目专项资金补贴占固定资产投资补贴的比例＜30% ③15%≤技术升级项目专项资金补贴占固定资产投资补贴的比例＜22.5% ④7.5%≤技术升级项目专项资金补贴占固定资产投资补贴的比例＜15% ⑤0＜技术升级项目专项资金补贴占固定资产投资补贴的比例＜7.5%或未明确比例	满足计分点①	100
	满足计分点②	80
	满足计分点③	60
	满足计分点④	40
	满足计分点⑤	20
	无任何相关内容	0
计分点依据		

计分点依据:《工业转型升级资金管理暂行办法》指出,采用先进、适用的新技术、新设备、新工艺、新材料对现有设施、生产工艺及辅助设施进行的改造统称为"技术改造"或"更新改造",一般技术改造项目按不超过设备购置额的 30%予以奖励。政府补贴在一定时期内适当运用有益于协调政治、经济和社会中出现的利益矛盾,起到促进经济发展的重要作用

3. 得分变量(3)

得分变量(3)的计分标准见表 5.5。

表 5.5 人力资源保障程度(Ef-I$_{1-3}$)计分标准

计分点	计分要求	计分
①市级政府成立碳达峰碳中和工作领导小组 ②省级政府成立碳达峰碳中和工作领导小组 ③组建相关领域的市级研究院或专家库 ④组建相关领域的省级研究院或专家库	满足计分点①③	100
	满足计分点①④或计分点②③	75
	满足计分点①或计分点③或计分点②④	50
	满足计分点②或计分点④	25
	无任何相关内容	0
计分点依据		

计分点①②的依据:《国务院关于加快建立健全绿色低碳循环发展经济体系的指导意见》明确指出各地区要建立专项领导小组,以保障相关工作的落实和实施

计分点③④的依据:《关于加强中国特色新型智库建设的意见》指出,要大力加强智库建设,以科学咨询支撑科学决策,提高成果转化率;《国务院关于加快建立健全绿色低碳循环发展经济体系的指导意见》强调要加强与世界上各个国家和地区在绿色低碳循环发展经济领域的政策沟通、技术交流、项目合作、人才培训等,而专家库、协会等对低碳经济的发展具有重要意义。因此,创建研究院或组建专家库对于促进城市提升生产效率具有重要作用

4. 得分变量(4)

得分变量(4)的计分标准见表 5.6。

表 5.6　技术条件保障程度 (Ef-I$_{1-4}$) 计分标准

计分点	计分要求	计分
	满足计分点①②③	100
①有用于帮助提升城市生产效率的政务平台 ②有用于帮助提升城市生产效率的数智化管控平台 ③有用于帮助提升城市生产效率的专家库 ④提出提供技术条件保障的重要性，但无具体相关行动	满足计分点①②③中的任意 2 个	75
	满足计分点①②③中的任意 1 个	50
	满足计分点④	25
	无任何相关内容	0
计分点依据		

计分点①②的依据：《关于加强产融合作推动工业绿色发展的指导意见》强调要以工业高端化、智能化支撑绿色化，通过绿色技术驱动城市提升生产效率，帮助产业系统化转型。因此，建立帮助城市提升生产效率的政务平台及数智化管控平台十分重要

计分点③的依据：《关于加强中国特色新型智库建设的意见》指出，要大力加强智库建设，以科学咨询支撑科学决策，提高成果转化率。因此，创建研究院或组建专家库对于促进城市提升生产效率具有重要作用

计分点④的依据：由以上计分点依据可以得出，技术支持对于城市提升生产效率至关重要，因此对于没有提出具体实施方案的城市而言，意识到相关行动的重要性可以有效引导城市在实施环节进一步行动

第三节　生产效率维度的检查环节

生产效率维度的检查 (C) 环节主要是对提升城市生产效率的具体工作进行监督与落实，该环节包含 1 个指标：监督提升生产效率以实现减排的内容 (Ef-C$_1$)。从监督主体来看，监督主要分为政府监督、公众监督和社会团体监督三部分，监督过程需要一定的人力与财力支持。因此，该指标包含三个得分变量：相关规章制度的完善和公开程度[得分变量(1)]、专项资金保障程度[得分变量(2)]、人力资源保障程度[得分变量(3)]。

1. 得分变量(1)

得分变量(1)的计分标准见表 5.7。

表 5.7　相关规章制度的完善和公开程度 (Ef-C$_{1-1}$) 计分标准

计分点	计分要求	计分
	满足所有计分点	100
①有监督提升城市生产效率以实现减排的地方性法规、规章或规范性文件 ②有监督提升城市生产效率以实现减排的地方工作文件 ③设有线上节能监督网站或平台 ④向社会公布相关监督途径	满足 4 个计分点中的任意 3 个	75
	满足 4 个计分点中的任意 2 个	50
	满足 4 个计分点中的任意 1 个	25
	无任何相关内容	0
计分点依据		

计分点依据：《国务院关于加强和规范事中事后监管的指导意见》强调要制定监管规则和标准，并向社会公开，以科学合理的规则标准提升监管的有效性

2. 得分变量（2）

得分变量（2）的计分标准见表 5.8。

表 5.8　专项资金保障程度（Ef-C_{1-2}）计分标准

计分点	计分要求	计分
①设置了用于监督考核各行业生产效率相关方面的专项资金 ②设置了与专项资金配套的管理监督办法 ③提出设置监督考核专项资金的重要性，但无具体资金设立	满足计分点①②	100
	满足计分点①②中的任意 1 个	65
	满足计分点③	30
	无任何相关内容	0
计分点依据		
计分点①②的依据：《国务院关于加强和规范事中事后监管的指导意见》强调要推进人财物等监管资源向基层下沉，保障基层经费和装备投入 计分点③的依据：由以上计分点依据可以得出，专项资金的保障对于监督城市提升生产效率至关重要，因此对于没有提出具体实施方案的城市而言，意识到专项资金的重要性可以有效引导城市在检查环节进一步行动		

3. 得分变量（3）

得分变量（3）的计分标准见表 5.9。

表 5.9　人力资源保障程度（Ef-C_{1-3}）计分标准

计分点	计分要求	计分
①有由政府部门负责人牵头的检查落实小组 ②组建检查生产效率相关方面的专家库 ③提出人力资源保障对检查的重要性，但无具体保障措施	满足计分点①②	100
	满足计分点①②中的任意 1 个	65
	满足计分点③	30
	无任何相关内容	0
计分点依据		
计分点①的依据：《国务院关于加快建立健全绿色低碳循环发展经济体系的指导意见》明确指出各地区要建立专项领导小组，以保障相关工作的落实和实施 计分点②的依据：《关于加强中国特色新型智库建设的意见》指出，要大力加强智库建设，以科学咨询支撑科学决策，提高成果转化率。因此，创建研究院或组建专家库对于促进城市提升生产效率具有重要作用 计分点③的依据：由以上计分点依据可以得出，人力资源的保障对于监督城市提升生产效率至关重要，因此对于没有提出具体实施方案的城市而言，意识到人力资源保障的重要性可以有效引导城市在检查环节进一步行动		

第四节　生产效率维度的结果环节

生产效率维度的结果（O）环节用以检验城市通过提升生产效率实现节能减排的成效。提升城市生产效率并达到节能减排的目的意味着需要在单位成本内提升城市 GDP，降低城市的碳排放量，提高城市的废物利用率。因此，该环节设有一个指标：生产效率的低碳水平（Ef-O_1）。其包含四个得分变量：单位用地面积产生的 GDP、单位 GDP 碳排放量、单位工业增加值碳排放量和万元 GDP 固体废物综合利用率，生产效率的低碳水平计算方法见表 5.10。

表 5.10　生产效率的低碳水平(Ef-O$_1$)计算方法

得分变量	得分变量编号	计算方法
单位用地面积产生的 GDP/(亿元/km^2)	Ef-O$_{1-1}$	该得分变量为正向定量指标变量,采用式(2.16)进行计算
单位 GDP 碳排放量/(吨/万元)	Ef-O$_{1-2}$	该得分变量为负向定量指标变量,采用式(2.17)进行计算
单位工业增加值碳排放量/(吨/万元)	Ef-O$_{1-3}$	该得分变量为负向定量指标变量,采用式(2.17)进行计算
万元 GDP 固体废物综合利用率/%	Ef-O$_{1-4}$	该得分变量为正向定量指标变量,采用式(2.16)进行计算

得分变量依据
得分变量 Ef-O$_{1-1}$ 的依据:《国土资源部 国家发展改革委关于落实"十三五"单位国内生产总值建设用地使用面积下降目标的指导意见》强调,单位用地面积产生的 GDP 是衡量生产效率低碳水平的重要指标
得分变量 Ef-O$_{1-2}$ 的依据:《中华人民共和国国民经济和社会发展第十四个五年规划和 2035 年远景目标纲要》指出单位 GDP 碳排放量是引导能源清洁低碳高效利用和产业绿色转型的主要指标,可以反映生产效率的低碳水平
得分变量 Ef-O$_{1-3}$ 的依据:《工业领域碳达峰实施方案》强调单位工业增加值碳排放量对于指导降低碳排放量具有重要作用,可反映生产效率的低碳水平
得分变量 Ef-O$_{1-4}$ 的依据:国家发展改革委等十部门联合印发的《关于"十四五"大宗固体废弃物综合利用的指导意见》强调固体废物综合利用率是资源利用率的重要内容,可反映生产效率的低碳水平

第五节　生产效率维度的反馈环节

生产效率维度的反馈(F)环节作为城市低碳建设的最后一个环节,起到了对城市低碳建设工作进行总结的作用,并可为下一轮建设工作的开展进行铺垫,是一个承上启下的关键环节。该环节设有一个指标:进一步提升生产效率减排的措施和方案(Ef-F$_1$)。该指标包含三个得分变量:对降低能耗强度效果好的主体给予激励[得分变量(1)]、对降低能耗强度效果较差的主体施以相应措施[得分变量(2)]、进一步提高生产效率以实现减排的措施和方案[得分变量(3)]。

1. 得分变量(1)

得分变量(1)的计分标准见表 5.11。

表 5.11　对降低能耗强度效果好的主体给予激励(Ef-F$_{1-1}$)计分标准

计分点	计分要求	计分
	满足所有计分点	100
①对政府部门有明确的奖励制度	满足 5 个计分点中的任意 4 个	80
②上级政府部门对下级政府部门有落实奖励的具体措施	满足 5 个计分点中的任意 3 个	60
③对企业有明确的奖励制度		
④政府对企业有落实奖励的具体措施	满足 5 个计分点中的任意 2 个	40
⑤相关合法社会团体(如中国生产力促进中心协会等行业	满足 5 个计分点中的任意 1 个	20
协会)有落实奖励的具体措施	无任何相关内容	0

计分点依据
计分点①③的依据:《"十四五"节能减排综合工作方案》强调,应完善能源领域的激励机制,因此有相应的奖励制度十分重要
计分点②④⑤的依据:《"十四五"节能减排综合工作方案》强调,应对超额完成节能目标的主体给予荣誉或奖励,因此对表现好的政府部门及企业落实具体的奖励十分重要

2. 得分变量(2)

得分变量(2)的计分标准见表 5.12。

表 5.12   对降低能耗强度效果较差的主体施以相应措施(Ef-F$_{1-2}$)计分标准

计分点	计分要求	计分
	满足所有计分点	100
①对政府有明确相应措施的制度	满足 5 个计分点中的任意 4 个	80
②上级政府部门对下级政府部门有落实具体的相应措施	满足 5 个计分点中的任意 3 个	60
③对企业有明确相应措施的制度	满足 5 个计分点中的任意 2 个	40
④政府有落实对企业的具体相应措施 ⑤相关合法社会团体(如中国生产力促进中心协会等行业协会)有落实具体相应措施	满足 5 个计分点中的任意 1 个	20
	无任何相关内容	0
计分点依据		
计分点依据:《国务院关于加强和规范事中事后监管的指导意见》强调,应对监管中发现的违法违规问题综合运用行政强制、行政处罚、联合惩戒、移送司法机关处理等手段依法进行惩处。因此,落实明确的措施制度与措施内容十分重要		

3. 得分变量(3)

得分变量(3)的计分标准见表 5.13。

表 5.13   进一步提高生产效率以实现减排的措施和方案(Ef-F$_{1-3}$)计分标准

计分点	计分要求	计分
	满足所有计分点	100
①政府部门召开相关专题总结会议或发布相关总结文本	满足计分点①②③且满足计分点④⑤⑥中的任意 2 个,或满足计分点①②③中的任意 2 个且满足计分点④⑤⑥	80
②政府部门发布的总结文本中有相关经验或教训	满足计分点①②③且满足计分点④⑤⑥中的任意 1 个,或满足计分点①②③中的任意 1 个且满足计分点④⑤⑥	65
③政府部门发布的总结文本中有改进方案	满足计分点①②③中的任意 2 个且满足计分点④⑤⑥中的任意 2 个	60
	满足计分点①②③或计分点④⑤⑥	50
④相关行业协会召开相关专题总结会议或发布相关总结文本	满足计分点①②③中的任意 2 个且满足计分点④⑤⑥中的任意 1 个,或满足计分点①②③中的任意 1 个且满足计分点④⑤⑥中的任意 2 个	45
⑤相关行业协会发布的总结文本中有相关经验或教训	满足计分点①②③中的任意 2 个且满足计分点④⑤⑥中的任意 1 个,或满足计分点①②③中的任意 1 个且满足计分点④⑤⑥中的任意 2 个	30
⑥相关行业协会发布的总结文本中有改进方案	满足计分点①②③④⑤⑥中的任意 1 个	15
	无任何相关内容	0
计分点依据		
计分点依据:《"十四五"节能减排综合工作方案》《法治政府建设实施纲要(2021—2025 年)》等均强调,应严格实施能源利用状况报告制度,制定方案、总结文本等,并按时向社会公开		

第六章　城市居民维度低碳建设水平计分标准

第一节　城市居民维度的规划环节

在城市居民维度的规划(P)环节中，反映城市低碳建设水平的指标应能表征人们日常生活的内涵。《中共中央 国务院关于完整准确全面贯彻新发展理念做好碳达峰碳中和工作的意见》将加快形成绿色生活方式作为重点任务，其中构建居民低碳生活是重点内容。2022 年中华环保联合会发布的《公民绿色低碳行为温室气体减排量化导则》表明，衣、食、住、行、用、办公、数字金融作为人们日常生活的主要内容，是实现居民低碳生活的关键要素，本书将衣、食、用、办公和数字金融合并为消费，从低碳居住、低碳出行、低碳消费三方面构建城市低碳建设在城市居民维度的规划。该环节的指标为$(Po-P_1)$，主要包括规划的居民低碳生活目标的丰富程度[得分变量(1)]、引导居民低碳居住的方案的详尽程度[得分变量(2)]、引导居民低碳出行的方案的详尽程度[得分变量(3)]和引导居民低碳消费的方案的详尽程度[得分变量(4)]四个得分变量。

1. 得分变量(1)

得分变量(1)的计分标准见表 6.1。

表 6.1　规划的居民低碳生活目标的丰富程度$(Po-P_{1-1})$计分标准

计分点	计分要求	计分
①有与居民低碳居住相关的明确目标(如低碳示范机构数量、生活垃圾分类处理率等)	满足所有计分点	100
	满足 3 个计分点中的任意 2 个	65
②有与居民低碳出行相关的明确目标(如绿色出行占比、公交出行占比、新能源公共交通车辆占比等)	满足 3 个计分点中的任意 1 个	35
③有与居民低碳消费相关的明确目标(如政府绿色采购占比等)	无任何相关内容	0
计分点依据		

计分点依据：《公民绿色低碳行为温室气体减排量化导则》明确指出衣、食、住、行、用、办公、数字金融是居民低碳生活的关键要素，样本城市的城市国民经济和社会发展第十四个五年规划和 2035 年远景目标纲要、城市"十四五"时期生态环境保护规划、城市"十四五"综合交通运输体系规划等详细制定了引导居民低碳居住、低碳出行、低碳消费方面的目标任务，并明确指出它们是居民低碳生活的重要内容

2. 得分变量(2)

得分变量(2)的计分标准见表 6.2。

表 6.2　引导居民低碳居住的方案的详尽程度（Po-P$_{1-2}$）计分标准

计分点	计分要求	计分
①制定低碳/绿色示范规划(包括乡镇、社区、学校、医院、家庭等) ②制定生活垃圾分类规划 ③制定节能器具(如节能灯具、控温空调/地暖等)规划 ④制定低碳居住节能节水宣传规划	满足所有计分点	100
	满足 4 个计分点中的任意 3 个	75
	满足 4 个计分点中的任意 2 个	50
	满足 4 个计分点中的任意 1 个	25
	无任何相关内容	0
计分点依据		

计分点①的依据：2019 年国家发展改革委发布的《绿色生活创建行动总体方案》明确指出创建节约型机关、绿色家庭、绿色学校、绿色社区等是创建绿色生活的重要内容，也是居民低碳居住的重要表现形式

计分点②③的依据：2022 年中华环保联合会发布的《公民绿色低碳行为温室气体减排量化导则》明确指出生活垃圾分类、使用绿色节能产品、使用清洁能源、节约用水用电等是居民低碳居住的重要内容

计分点④的依据：2022 年国家发展改革委等联合发布的《促进绿色消费实施方案》强调了居民低碳居住节能节水宣传教育的重要性

3. 得分变量(3)

得分变量(3)的计分标准见表 6.3。

表 6.3　引导居民低碳出行的方案的详尽程度（Po-P$_{1-3}$）计分标准

计分点	计分要求	计分
①制定城市步行及绿道(慢行系统)完善方案 ②制定公共自行车系统完善方案 ③制定公交汽(电)车系统完善方案 ④制定新能源汽车推广及机动车充电设施完善方案 ⑤制定低碳出行宣传规划	满足所有计分点	100
	满足 5 个计分点中的任意 4 个	80
	满足 5 个计分点中的任意 3 个	60
	满足 5 个计分点中的任意 2 个	40
	满足 5 个计分点中的任意 1 个	20
	无任何相关内容	0
计分点依据		

计分点①②③④的依据：2022 年中华环保联合会发布的《公民绿色低碳行为温室气体减排量化导则》明确指出公交出行、步行、骑行、地铁出行、使用新能源汽车、绿色驾驶、不停车缴费等是居民低碳出行的重要内容

计分点⑤的依据：2022 年国家发展改革委等联合发布的《促进绿色消费实施方案》强调了居民低碳出行宣传教育的重要性

4. 得分变量(4)

得分变量(4)的计分标准见表 6.4。

表 6.4　引导居民低碳消费的方案的详尽程度（Po-P$_{1-4}$）计分标准

计分点	计分要求	计分
①制定倡行节俭的规划(如光盘行动、无纸化办公、勿过度消费等) ②制定耐耗品(如家电、衣物、闲置品等)回收更新规划 ③制定减少一次性用品(如餐具、卫浴用具等)使用或限塑规划 ④制定政府绿色采购计划(如完善标准、加大力度、扩大范围、拓展线上渠道等) ⑤制定低碳消费宣传规划	满足所有计分点	100
	满足 5 个计分点中的任意 4 个	80
	满足 5 个计分点中的任意 3 个	60
	满足 5 个计分点中的任意 2 个	40
	满足 5 个计分点中的任意 1 个	20
	无任何相关内容	0

计分点依据
计分点①②③④的依据：2022 年中华环保联合会发布的《公民绿色低碳行为温室气体减排量化导则》明确指出：衣，旧衣回收等；食，减少一次性餐具、光盘行动等；用，二手回收、闲置交易、减少一次性用品使用、使用循环包装、环保减塑等；办公，无纸化办公、双面打印等；数字金融，线上采购等。以上内容是引导居民低碳消费的重要内容
计分点⑤的依据：2022 年国家发展改革委等联合发布的《促进绿色消费实施方案》强调了居民低碳消费宣传教育的重要性

第二节　城市居民维度的实施环节

城市居民维度的实施 (I) 环节指标为引导居民低碳生活的保障 ($Po\text{-}I_1$)。2021 年中国提交的《中国落实国家自主贡献成效和新目标新举措》明确指出相关政策制度建立完善、资金投入、人力支持、技术提升是我国在推动全球绿色低碳发展贡献中的重要支撑保障。因此，在引导居民低碳生活的保障指标方面设立了相应机制保障和资源保障(资金、人力和技术)的得分变量，包括碳普惠制的完善程度[得分变量(1)]、专项资金保障程度[得分变量(2)]、人力资源保障程度[得分变量(3)]和技术条件保障程度[得分变量(4)]。

1. 得分变量(1)

得分变量(1)的计分标准见表 6.5。

表 6.5　碳普惠制的完善程度 ($Po\text{-}I_{1\text{-}1}$) 计分标准

计分点	计分要求	计分
①在社区(小区)层面，针对居民节约水电气、减少私家车使用或垃圾分类等低碳行为进行碳普惠制设计 ②针对居民选择公共交通工具出行进行碳普惠制设计(对快速公交、公交车、轨道交通、公共自行车、新能源汽车的减碳量进行量化，兑换碳积分) ③针对低碳产品消费者购买节能电视、节能冰箱、节能空调等电器或其他低碳认证产品进行碳普惠制设计 ④提出碳普惠制的重要性，但未开展机制设计工作	满足计分点①②③	100
	满足计分点①②③中的任意 2 个	75
	满足计分点①②③中的任意 1 个	50
	满足计分点④	25
	无任何相关内容	0

计分点依据
计分点依据：2022 年生态环境部等联合发布的《减污降碳协同增效实施方案》明确指出了建立碳普惠制的重要性；2022 年 9 月 16 日生态环境部对十三届全国人大五次会议第 9007 号建议的答复明确表示，广东等省(市)在碳普惠方面开展的探索实践具有代表性，其在引导建立绿色低碳的生活方式方面和消费模式方面发挥了积极作用；广东省在 2015 年率先启动碳普惠制试点工作，印发了《广东省碳普惠制试点工作实施方案》，其以社区(小区)、公共交通、节能低碳产品为例，制定了碳普惠试点建设指南

2. 得分变量(2)

得分变量(2)的计分标准见表 6.6。

表 6.6　专项资金保障程度 (Po-I$_{1-2}$) 计分标准

计分点	计分要求	计分
	满足计分点①②③	100
①有明确的资金管理办法	满足计分点①②或计分点①③	80
②有社会资本支持居民低碳生活消费	满足计分点②③	60
③有专项资金支持居民低碳生活消费	满足计分点②或计分点③	40
④提出设置专项资金支持居民低碳生活消费，但无具体资金设立	满足计分点④	20
	无任何相关内容	0

计分点依据
计分点依据：2022 年财政部发布的《财政支持做好碳达峰碳中和工作的意见》强调了严格执行预算管理、社会资本投资、设立专项资金支持绿色低碳生活的重要性

3. 得分变量 (3)

得分变量 (3) 的计分标准见表 6.7。

表 6.7　人力资源保障程度 (Po-I$_{1-3}$) 计分标准

计分点	计分要求	计分
①有负责推进居民低碳生活消费的协会（如促进碳普惠平台发展的协会等）	满足计分点①②③	100
②有负责推进居民低碳生活消费的政府工作专项小组（如碳普惠体系建设、实施及推广小组等）	满足计分点①②③中的任意 2 个	75
	满足计分点①②③中的任意 1 个	50
③有负责创新完善碳普惠体系的专家库	满足计分点④	25
④没有工作小组，但有低碳生活典型案例选拔或碳普惠体系筹建等活动	无任何相关内容	0

计分点依据
计分点依据：2022 年 9 月 16 日生态环境部对十三届全国人大五次会议第 9007 号建议的答复明确表示，广东、上海等省 (市) 在碳普惠方面开展的探索实践具有代表性，其在引导建立绿色低碳的生活方式和消费模式方面发挥了积极作用；深圳、上海等碳普惠制试点城市发布的《深圳碳普惠体系建设工作方案》《上海市碳普惠体系建设工作方案》强调了建立科学高效的组织管理体系的重要性，其中包括成立碳普惠工作专项小组、成立碳中和促进协会、建立碳普惠专家委员会等

4. 得分变量 (4)

得分变量 (4) 的计分标准见表 6.8。

表 6.8　技术条件保障程度 (Po-I$_{1-4}$) 计分标准

计分点	计分要求	计分
	满足计分点②③	100
①有官方媒体账号推广低碳生活消费	满足计分点①③	75
②有微信小程序、支付宝应用或 APP 试行碳普惠制	满足计分点①②中的任意 1 个	50
③平台能正常运行	满足计分点④	25
④提出维护运营碳普惠相关平台的重要性，但无具体实施方案	无任何相关内容	0

计分点依据
计分点依据：2022 年工业和信息化部等联合发布的《信息通信行业绿色低碳发展行动计划 (2022—2025 年)》将数字技术赋能居民低碳生活列为重点行动，强调了建立用于引导居民低碳生活的信息平台的重要性，包括官方媒体账号、小程序、APP 等

第三节　城市居民维度的检查环节

城市居民维度的检查(C)环节的指标为检查居民低碳生活的保障(Po-C₁)。该指标包含检查跟进居民低碳生活的机制内容[得分变量(1)]、专项资金保障程度[得分变量(2)]、人力资源保障程度[得分变量(3)]和技术条件保障程度[得分变量(4)]四个得分变量。

1. 得分变量(1)

得分变量(1)的计分标准见表 6.9。

表 6.9　检查跟进居民低碳生活的机制内容($Po-C_{1-1}$)计分标准

计分点	计分要求	计分
①有定期检查跟进低碳或近零碳社区(绿色社区)建设情况的工作机制 ②有定期检查跟进低碳出行的工作机制 ③有定期检查跟进城市低碳消费(如废旧物资循环利用体系建设、塑料污染督查等)的工作机制	满足所有计分点	100
	满足 3 个计分点中的任意 2 个	65
	满足 3 个计分点中的任意 1 个	35
	无任何相关内容	0
计分点依据		

计分点①的依据:2020 年住房和城乡建设部等联合发布的《绿色社区创建行动方案》强调了对绿色社区创建行动开展情况和实施效果进行检查和评估的重要性

计分点②的依据:2021 年交通运输部和国家发展改革委联合发布的《绿色出行创建行动考核评价标准》明确指出建立多部门协作联动机制,定期组织政府相关部门通过联席会议、专题会议等协调沟通机制,讨论并协同推进绿色出行创建工作是对绿色出行创建城市的重要考核指标之一;2021 年交通运输部发布的《绿色交通"十四五"发展规划》强调了建立绿色交通推进机制、绿色交通评估和监管体系的重要性,其中包括检查与评估低碳出行创建工作机制

计分点③的依据:2016 年国家发展改革委等联合发布的《关于促进绿色消费的指导意见》明确指出定期开展绿色消费专项检查的重要性;2020 年国家发展改革委等联合发布的《关于进一步加强塑料污染治理的意见》和 2022 年国家发展改革委等联合印发的《关于加快废旧物资循环利用体系建设的指导意见》都强调了建立塑料污染治理情况、废旧物资循环利用情况督促检查工作机制的重要性

2. 得分变量(2)

得分变量(2)的计分标准见表 6.10。

表 6.10　专项资金保障程度($Po-C_{1-2}$)计分标准

计分点	计分要求	计分
①设置检查跟进低碳或近零碳社区(绿色社区)建设情况的专项资金 ②设置检查跟进低碳出行的专项资金 ③设置检查跟进低碳消费的专项资金	满足所有计分点	100
	满足 3 个计分点中的任意 2 个	65
	满足 3 个计分点中的任意 1 个	35
	无任何相关内容	0
计分点依据		

计分点①的依据:2020 年住房和城乡建设部等联合发布的《绿色社区创建行动方案》明确指出增加资金支持推进绿色社区创建的重要性,其中设置检查跟进低碳或近零碳社区(绿色社区)建设情况的专项资金是重点

计分点②的依据:2021 年交通运输部和国家发展改革委联合发布的《绿色出行创建行动考核评价标准》明确指出统筹利用多种资金渠道保障绿色出行创建财政投入是重要考核指标,其中设置检查跟进低碳出行的专项资金是重点

计分点③的依据:2016 年国家发展改革委等联合发布的《关于促进绿色消费的指导意见》明确指出增加资金扶持绿色消费的重要性,其中设置检查跟进低碳消费的专项资金是重点

3. 得分变量(3)

得分变量(3)的计分标准见表6.11。

表 6.11　人力资源保障程度($Po\text{-}C_{1\text{-}3}$)计分标准

计分点	计分要求	计分
①有负责检查跟进低碳或近零碳社区(绿色社区)建设情况的工作小组 ②有负责检查跟进低碳出行的工作小组 ③有负责检查跟进低碳消费的工作小组	满足所有计分点	100
	满足 3 个计分点中的任意 2 个	65
	满足 3 个计分点中的任意 1 个	35
	无任何相关内容	0

计分点依据

计分点①的依据：2020 年 6 月住房和城乡建设部成立了科学技术委员会社区建设专业委员会，其主要职责之一是对绿色社区建设等工作提供技术指导，并参与相关领域的评审、评估、检查等工作，表明建立负责检查跟进低碳或近零碳社区建设情况的工作小组非常重要

计分点②的依据：2021 年交通运输部和国家发展改革委联合发布的《绿色出行创建行动考核评价标准》明确指出定期组织政府相关部门通过联席会议、专题会议等协调沟通机制讨论并协同推进绿色出行创建工作是重要考核指标，其中建立负责检查跟进绿色出行创建工作的工作小组是重点

计分点③的依据：2020 年国家发展改革委等联合发布的《关于进一步加强塑料污染治理的意见》、2021 年国家发展改革委等联合印发的《反食品浪费工作方案》、2022 年国家发展改革委等联合印发的《关于加快废旧物资循环利用体系建设的指导意见》都强调了加强组织领导，成立专项工作小组统筹指导协调相关工作，以及加强对塑料污染治理情况、食品浪费情况、废旧物资循环利用情况进行督促检查的重要性

4. 得分变量(4)

得分变量(4)的计分标准见表6.12。

表 6.12　技术条件保障程度($Po\text{-}C_{1\text{-}4}$)计分标准

计分点	计分要求	计分
①有低碳或近零碳社区(绿色社区)建设的评价技术方法或定期更新维护低碳居住的碳普惠平台 ②有低碳出行的评价技术方法或定期更新维护低碳出行的碳普惠平台 ③有低碳消费的评价技术方法或定期更新维护低碳消费的碳普惠平台	满足所有计分点	100
	满足 3 个计分点中的任意 2 个	65
	满足 3 个计分点中的任意 1 个	35
	无任何相关内容	0

计分点依据

计分点①的依据：2020 年住房和城乡建设部等联合发布的《绿色社区创建行动方案》明确指出加强技术创新支撑体系建设，以及制定绿色社区建设标准和指标体系的重要性；2022 年 9 月 22 日生态环境部对十三届全国人大五次会议第 3183 号提案的答复明确指出利用数字化技术助力低碳城市发展的重要性，其中包括定期更新维护低碳居住的碳普惠平台

计分点②的依据：2021 年交通运输部和国家发展改革委联合发布的《绿色出行创建行动考核评价标准》明确指出制定低碳出行的评价技术方法的重要性；2022 年 9 月 22 日生态环境部对十三届全国人大五次会议第 3183 号提案的答复明确指出利用数字化技术助力低碳城市发展的重要性，其中包括定期更新维护低碳出行的碳普惠平台

计分点③的依据：2016 年国家发展改革委等联合发布的《关于促进绿色消费的指导意见》明确指出探索建立统计监测评价体系的重要性；2022 年 9 月 22 日生态环境部对十三届全国人大五次会议第 3183 号提案的答复明确指出利用数字化技术助力低碳城市发展的重要性，其中包括定期更新维护低碳消费的碳普惠平台

第四节　城市居民维度的结果环节

城市居民维度的结果(O)环节主要包括居民能耗水平($Po\text{-}O_1$)[结果指标(1)]、居民低碳居住习惯的引导结果($Po\text{-}O_2$)[结果指标(2)]、居民低碳出行习惯的引导结果($Po\text{-}O_3$)[结果指标(3)]、居民低碳消费习惯的引导结果($Po\text{-}O_4$)[结果指标(4)]四个指标。

1. 结果指标(1)

结果指标(1)的计算方法见表6.13。

表6.13　居民能耗水平($Po\text{-}O_1$)计算方法

得分变量	得分变量编号	计算方法
居民人均能耗/(kg 标准煤/年)	$Po\text{-}O_{1\text{-}1}$	该得分变量为负向定量指标变量,采用式(2.17)进行计算
得分变量依据		
得分变量 $Po\text{-}O_{1\text{-}1}$ 的依据:郑睿臻和张惠(2016)、朱婧等(2017)的研究都明确指出居民人均能耗是反映城市能源消耗水平的重要指标,也是评价城市低碳建设水平的重要指标之一		

2. 结果指标(2)

结果指标(2)的计算方法见表6.14。

表6.14　居民低碳居住习惯的引导结果($Po\text{-}O_2$)计算方法

得分变量	得分变量编号	计算方法
居民日人均用水量/L	$Po\text{-}O_{2\text{-}1}$	该得分变量为负向定量指标变量,采用式(2.17)进行计算
居民人均生活用电/(kW·h)	$Po\text{-}O_{2\text{-}2}$	该得分变量为负向定量指标变量,采用式(2.17)进行计算
城市燃气普及率/%	$Po\text{-}O_{2\text{-}3}$	该得分变量为正向定量指标变量,采用式(2.16)进行计算
得分变量依据		
得分变量 $Po\text{-}O_{2\text{-}1}$ 的依据:倪琳等(2015)、申立银(2021)的研究都明确指出居民日人均用水量是表征资源能源节约程度的重要指标 得分变量 $Po\text{-}O_{2\text{-}2}$ 的依据:吴健生等(2016)、申立银(2021)的研究都明确指出居民人均生活用电是表征资源能源节约程度的重要指标 得分变量 $Po\text{-}O_{2\text{-}3}$ 的依据:倪琳等(2015)、申立银(2021)的研究都明确指出城市燃气普及率是表征资源能源节约程度的重要指标		

3. 结果指标(3)

结果指标(3)的计算方法见表6.15。

表 6.15　居民低碳出行习惯的引导结果(Po-O₃)计算方法

得分变量	得分变量编号	计算方法
轨道交通年客运总量/万人次	Po-O₃-₁	该得分变量为正向定量指标变量,采用式(2.16)进行计算
公共汽(电)车年客运总量/万人次	Po-O₃-₂	该得分变量为正向定量指标变量,采用式(2.16)进行计算
新能源汽车充电站数量/个	Po-O₃-₃	该得分变量为正向定量指标变量,采用式(2.16)进行计算
城市人行道面积占道路面积的比例/%	Po-O₃-₄	该得分变量为正向定量指标变量,采用式(2.16)进行计算
得分变量依据		

得分变量 Po-O₃-₁ 的依据:张清等(2012)、王仁杰等(2015)的研究明确指出轨道交通年客运总量是表征居民低碳出行习惯的重要指标

得分变量 Po-O₃-₂ 的依据:张清等(2012)、王仁杰等(2015)的研究明确指出公共汽(电)车年客运总量是表征居民低碳出行习惯的重要指标

得分变量 Po-O₃-₃ 的依据:何舒(2019)、高园和欧训民(2022)的研究明确指出新能源汽车充电站数量是表征居民低碳出行习惯的重要指标

得分变量 Po-O₃-₄ 的依据:2021 年交通运输部和国家发展改革委联合发布的《绿色出行创建行动考核评价标准》明确指出城市人行道面积占道路面积的比例是表征居民低碳出行习惯的重要指标

4. 结果指标(4)

结果指标(4)的计算方法见表 6.16。

表 6.16　居民低碳消费习惯的引导结果(Po-O₄)计算方法

得分变量	得分变量编号	计算方法
新能源汽车保有量/辆	Po-O₄-₁	该得分变量为正向定量指标变量,采用式(2.16)进行计算
旧衣物回收水平	Po-O₄-₂	该得分变量为正向定量指标变量,采用式(2.16)进行计算
光盘行动水平	Po-O₄-₃	该得分变量为正向定量指标变量,采用式(2.16)进行计算
抑制一次性餐具使用的程度	Po-O₄-₄	该得分变量为正向定量指标变量,采用式(2.16)进行计算
快递包装回收水平	Po-O₄-₅	该得分变量为正向定量指标变量,采用式(2.16)进行计算
得分变量依据		

得分变量 Po-O₄-₁ 的依据:蔡建林等(2012)、薄凡和庄贵阳(2022)等的研究明确指出新能源汽车保有量是表征居民低碳消费习惯的重要指标

得分变量 Po-O₄-₂ 的依据:《公民绿色低碳行为温室气体减排量化导则》明确指出旧衣物回收水平是表征居民低碳消费习惯的重要指标

得分变量 Po-O₄-₃ 的依据:《公民绿色低碳行为温室气体减排量化导则》明确指出光盘行动水平是表征居民低碳消费习惯的重要指标

得分变量 Po-O₄-₄ 的依据:《公民绿色低碳行为温室气体减排量化导则》明确指出抑制一次性餐具使用的程度是表征居民低碳消费习惯的重要指标

得分变量 Po-O₄-₅ 的依据:《公民绿色低碳行为温室气体减排量化导则》明确指出消费后纸包装的回收水平是表征居民低碳消费习惯的重要指标,其中包括快递包装

第五节　城市居民维度的反馈环节

城市居民维度的反馈(F)环节的指标为进一步促进居民低碳生活的措施和方案(Po-F₁)。由于引导居民低碳生活的主要方式多为自我约束和道德引导,因此居民参与在反馈(F)环节中的评价内容为正反馈(考虑是否奖励以及优化内容),以期充分挖掘居民方

面的降碳潜力。该环节包含两个得分变量：对居民低碳生活习惯的奖励[得分变量(1)]和推动居民低碳生活的创新措施和方案[得分变量(2)]。

1. 得分变量(1)

得分变量(1)的计分标准见表 6.17。

表 6.17 对居民低碳生活习惯的奖励 (Po-F$_{1-1}$) 计分标准

计分点	计分要求	计分
①有明确的政策激励措施(用碳积分兑换一定的政府公共服务，如公交地铁充值、公共图书馆借阅图书等)	满足计分点①②③	100
②有明确的商业激励措施(用碳积分兑换一些产品或者服务优惠等)	满足计分点①②③中的任意 2 个	75
③有明确的交易激励措施(碳积分具有兑现、抵现、出售、转让、买卖、投资等功能)	满足计分点①②③中的任意 1 个	50
④提出居民通过低碳行为可获得奖励，但无明确的激励措施	满足计分点④	25
	无任何相关内容	0
计分点依据		

计分点依据：2022 年 9 月 16 日生态环境部对十三届全国人大五次会议第 9007 号建议的答复明确表示广东、上海等省(市)在碳普惠方面开展的探索实践具有代表性，特别是在引导建立绿色低碳的生活方式和消费模式方面发挥了积极作用；深圳、上海等碳普惠试点城市发布的《深圳碳普惠体系建设工作方案》《上海市碳普惠体系建设工作方案》将拓展碳普惠激励措施列为重点工作内容，强调了激励措施的重要性，其中包括政策激励措施、商业激励措施、交易激励措施等

2. 得分变量(2)

得分变量(2)的计分标准见表 6.18。

表 6.18 推动居民低碳生活的创新措施和方案 (Po-F$_{1-2}$) 计分标准

计分点	计分要求	计分
①有对居民低碳居住习惯的总结和创新方案	满足计分点①②③	100
②有对居民低碳出行习惯的总结和创新方案	满足计分点①②③中的任意 2 个	75
③有对居民低碳消费习惯的总结和创新方案	满足计分点①②③中的任意 1 个	50
④提出总结居民低碳生活消费习惯的重要性，但未出台具体的总结方案	满足计分点④	25
	无任何相关内容	0
计分点依据		

计分点依据：2019 年国家发展改革委发布的《绿色生活创建行动总体方案》明确指出对绿色生活创建行动开展年度总结评价的重要性，其中包括对居民低碳居住习惯、低碳出行习惯、低碳消费习惯三方面的总结评价

第七章 水域碳汇维度低碳建设水平计分标准

第一节 水域碳汇维度的规划环节

水域碳汇维度的规划(P)环节的指标为提升水域固碳能力的规划(Wa-P_1)。《全国湿地保护规划(2022—2030 年)》与《湿地公约》等都指出,湿地等水域生态系统作为城市的重要组成部分,具有广阔的面积和巨大的潜在固碳能力。因此,开展提升水域固碳能力的规划有助于提供额外的生态系统碳汇,实现低碳目标。评价城市在水域碳汇维度的规划环节的低碳建设水平时,需要评价水域面积提升与保护规划[得分变量(1)]、规划项目的丰富度[得分变量(2)]两个方面。前者直接决定了新增水域固碳量,新增水域可以提供更多的生态系统固碳潜力,而保护现有水域可以确保其持续发挥固碳作用。规划项目的丰富度是提升水域固碳能力规划的重要方面,通过开展多样化的规划项目(如湿地恢复、水生植被引入和管理、碳汇监测等),可以最大限度发挥水域固碳潜力,确保生态系统的固碳效果。

1. 得分变量(1)

得分变量(1)的计分标准见表 7.1。

表 7.1 水域面积提升与保护规划(Wa-P_{1-1})计分标准

计分点	计分要求	计分
	满足所有计分点	100
①有水域保护的相关规划	满足 4 个计分点中的任意 3 个	75
②明确水域保护的类型及面积	满足 4 个计分点中的任意 2 个	50
③明确水域面积提升目标		
④强调水域保护与治理的重要性	满足 4 个计分点中的任意 1 个	25
	无任何相关内容	0
计分点依据		

计分点①的依据:《关于加强新时代水土保持工作的意见》强调,各地要将小流域综合治理纳入经济社会发展规划和乡村振兴规划,建立统筹协调机制

计分点②③的依据:《中华人民共和国湿地保护法》强调,国务院自然资源主管部门应当会同国务院林业草原等有关部门定期开展全国湿地资源调查评价工作,对湿地类型、分布、面积、生物多样性、保护与利用情况等进行调查,建立统一的信息发布和共享机制

计分点④的依据:《中华人民共和国湿地保护法》强调,湿地生态系统保护规划的内容应当包括水土流失状况、水土流失类型区划分、水土流失防治目标、任务和措施等

2. 得分变量(2)

得分变量(2)的计分标准见表 7.2。

表 7.2　规划项目的丰富度（Wa-P$_{1-2}$）计分标准

计分点	计分要求	计分
	满足所有计分点	100
①相关规划标明重大水域工程项目的任务及实施方案	满足 4 个计分点中的任意 3 个	75
②列出水域工程名单	满足 4 个计分点中的任意 2 个	50
③明确水域工程项目投资力度	满足 4 个计分点中的任意 1 个	25
④提及相关水域工程的内容	无任何相关内容	0
计分点依据		

计分点①②的依据：《湿地保护修复制度方案》强调，国务院林业主管部门和省级林业主管部门应分别会同同级相关部门编制湿地保护修复工程规划

计分点③的依据：《湿地保护修复制度方案》指出，要发挥政府投资的主导作用，形成政府投资、社会融资、个人投入等多渠道投入机制

计分点④的依据：《中华人民共和国湿地保护法》强调，水土保持方案应当包括水土流失预防和治理的范围、目标、措施和投资等内容

第二节　水域碳汇维度的实施环节

水域碳汇维度的实施（I）环节有一个指标：提升水域固碳能力的保障力度（Wa-I$_1$）。指标依据：提升水域固碳能力的保障力度对城市低碳建设至关重要。保障相关规章制度的完善程度是提升水域固碳能力的前提，通过建立和完善相关法律法规、政策和管理制度，明确责任和权益，加强对水域固碳项目的推进和监管，可为城市低碳建设提供坚实的法律依据和制度保障。设置专项资金是提升水域固碳能力的必要条件，适当的财政支持和专项资金的投入可促进水域固碳项目的开展，并为项目提供资金支持，提高项目的实施效果，扩大项目的覆盖范围。保障人力资源是提升水域固碳能力的关键，培养专业团队，并提供相关培训和技术支持，建立健全相关机构和人才培养体系，能够有效推动水域固碳项目的实施和管理，提高水域固碳能力。保障技术条件是提升水域固碳能力的重点，研发和应用先进的监测技术、管理技术和修复技术可确保水域固碳项目得到有效实施和长期维护，促进城市低碳建设的长远发展。因此，该环节的指标包含四个得分变量：相关规章制度的完善程度[得分变量（1）]、专项资金保障程度[得分变量（2）]、人力资源保障程度[得分变量（3）]和技术条件保障程度[得分变量（4）]。

1. 得分变量（1）

得分变量（1）的计分标准见表 7.3。

表 7.3　相关规章制度的完善程度（Wa-I$_{1-1}$）计分标准

计分点	计分要求	计分
	满足所有计分点	100
①有保障水域保护工作落实的地方性法规	满足 5 个计分点中的任意 4 个	80
②有保障水域管理工作落实的地方性法规	满足 5 个计分点中的任意 3 个	60
③有保障水域保护工作落实的行政公文	满足 5 个计分点中的任意 2 个	40
④有保障水域管理工作落实的行政公文	满足 5 个计分点中的任意 1 个	20
⑤提及水域保护的重要性，但未发布相关法规和行政公文	无任何相关内容	0

计分点依据
计分点①②的依据：《湿地保护修复制度方案》指出，要督促指导有关省份结合实际制定完善湿地保护与修复的地方性法规
计分点③④的依据：《全国湿地保护规划(2022—2030 年)》指出，要逐步建立覆盖全面、体系协调、功能完备的湿地保护法律制度体系；贯彻落实习近平总书记关于全面保护湿地的重要指示精神，落实湿地保护修复制度，增强湿地生态功能
计分点⑤的依据：《湿地保护修复制度方案》指出，要抓紧研究制定系统的湿地保护管理法律法规

2. 得分变量(2)

得分变量(2)的计分标准见表 7.4。

表 7.4　专项资金保障程度($Wa\text{-}I_{1\text{-}2}$)计分标准

计分点	计分要求	计分
①强调设置水域固碳专项资金的重要性 ②设置用于开展水域治理和保护相关工作的专项资金 ③引导社会资本用于水域保护或治理	满足所有计分点	100
	满足 3 个计分点中的任意 2 个	65
	满足 3 个计分点中的任意 1 个	35
	无任何相关内容	0

计分点依据
计分点①的依据：《中华人民共和国环境保护法》指出，各级人民政府应当在财政预算中安排资金，支持农村饮用水水源地保护等环境保护工作
计分点②③的依据：《关于加强新时代水土保持工作的意见》指出，要支持和引导社会资本和治理区群众参与工程建设；《中华人民共和国环境保护法》指出，县级以上地方人民政府可以采取定向扶持、产业转移、吸引社会资金、社区共建等方式，推动湿地周边地区绿色发展，促进经济发展与湿地保护相协调

3. 得分变量(3)

得分变量(3)的计分标准见表 7.5。

表 7.5　人力资源保障程度($Wa\text{-}I_{1\text{-}3}$)计分标准

计分点	计分要求	计分
①有负责推进水域治理和保护的行业协会(如环境保护协会等) ②有负责推进水域治理和保护的政府工作专项队伍(如水域治理和保护建设、实施及推广小组等) ③有负责创新完善水域治理和保护体系的专家队伍 ④未明确提出成立工作小组，但有开展水域治理和保护活动	满足所有计分点	100
	满足 4 个计分点中的任意 3 个	75
	满足 4 个计分点中的任意 2 个	50
	满足 4 个计分点中的任意 1 个	25
	无任何相关内容	0

计分点依据
计分点①②③的依据：《关于加强新时代水土保持工作的意见》指出，要进一步加强组织建设、队伍建设、制度建设，明确目标任务和具体举措；《全国湿地保护规划(2022—2030 年)》指出，要切实加强组织领导和基础保障，建立有力的工作体系和实施机制
计分点④的依据：《中华人民共和国水土保持法》指出，地方各级人民政府及其有关部门应当组织单位和个人，采取预防保护、自然修复等手段，对流域开展综合治理

4. 得分变量(4)

得分变量(4)的计分标准见表 7.6。

表 7.6 技术条件保障程度 (Wa-I$_{1-4}$) 计分标准

计分点	计分要求	计分
	满足所有计分点	100
①组建水域治理和保护团队	满足 4 个计分点中的任意 3 个	75
②引进水域治理和保护方面的各类技术设备	满足 4 个计分点中的任意 2 个	50
③引进先进的水域治理技术		
④提出保障水域治理技术条件的重要性，但无具体实施方案	满足 4 个计分点中的任意 1 个	25
	无任何相关内容	0
计分点依据		

计分点①②③的依据：《关于加强新时代水土保持工作的意见》指出，要推进遥感、大数据、云计算等现代信息技术与水土保持深度融合，强化水土保持监管、监测等信息共享和部门间互联互通，提高管理数字化、网络化、智能化水平；《关于在湖泊实施湖长制的指导意见》指出，要积极利用卫星遥感、无人机、视频监控等技术，加强对湖泊变化情况的动态监测

计分点④的依据：《关于加强新时代水土保持工作的意见》指出，要围绕水土流失规律与机理、水土保持与水沙关系、水土保持碳汇能力等，加强基础研究和关键技术攻关

第三节 水域碳汇维度的检查环节

水域碳汇维度的检查 (C) 环节有一个指标：检查水域固碳能力提升情况的具体内容 (Wa-C$_1$)。通过定期检查水域固碳能力的提升情况，可以评估和监测城市低碳建设进展，并采取必要的措施进行调整和改进，从而确保水域固碳能力持续增强，这对实现低碳目标至关重要。相关规章制度能够为检查提供法律依据和操作指南，专项资金的投入能够提供经济支持，推动相关项目的实施和监督，从而确保水域固碳能力的持续提升。人力资源保障程度关乎检查水域固碳能力提升情况的有效性，优质的人力资源有助于确保检查过程专业和准确，发现问题并采取相应措施。技术条件是检查水域固碳能力提升情况的重要保证，通过投入先进的监测技术与分析工具，可使检查工作顺利展开，并为决策提供必要的技术支持。因此，该环节的指标包含四个得分变量：相关规章制度的完善程度[得分变量 (1)]、专项资金保障程度[得分变量 (2)]、人力资源保障程度[得分变量 (3)]和技术条件保障程度[得分变量 (4)]。

1. 得分变量 (1)

得分变量 (1) 的计分标准见表 7.7。

表 7.7 相关规章制度的完善程度 (Wa-C$_{1-1}$) 计分标准

计分点	计分要求	计分
	满足所有计分点	100
①有检查水域保护工作实施情况的地方性法规	满足 5 个计分点中的任意 4 个	80
②有检查水域管理工作落实情况的地方性法规	满足 5 个计分点中的任意 3 个	60
③有检查水域保护工作实施情况的行政公文		
④有检查水域管理工作落实情况的行政公文	满足 5 个计分点中的任意 2 个	40
⑤提及水域保护的重要性，但未发布相关法规和行政公文	满足 5 个计分点中的任意 1 个	20
	无任何相关内容	0

计分点依据
计分点①②的依据：《全国湿地保护规划(2022—2030 年)》强调，要有序完善湿地面积总量管控、湿地保护规划、湿地监测评估、信息发布和共享、湿地破坏责任人约谈等法规制度和标准
计分点③④的依据：《关于加强新时代水土保持工作的意见》指出，要建立严格的水土流失预防保护和监管制度，构建以监测站点监测为基础、常态化动态监测为主、定期调查为补充的水土保持监测体系；《湿地保护管理规定》指出，要健全湿地保护管理机构和制度
计分点⑤的依据：《中华人民共和国湿地保护法》强调，县级以上人民政府水行政主管部门、流域管理机构，应当对生产建设项目水土保持方案的实施情况进行跟踪检查，发现问题及时处理

2. 得分变量(2)

得分变量(2)的计分标准见表 7.8。

表 7.8   专项资金保障程度($Wa-C_{1-2}$)计分标准

计分点	计分要求	计分
①设置用于检查考核各行业水域治理和保护相关工作的专项资金 ②设置专项资金配套管理办法 ③提出设置检查考核专项资金的重要性，但无具体资金设立	满足所有计分点	100
	满足 3 个计分点中的任意 2 个	65
	满足 3 个计分点中的任意 1 个	35
	无任何相关内容	0

计分点依据
计分点①②的依据：《关于加强新时代水土保持工作的意见》指出，地方各级政府要多渠道筹措资金，支持引导社会资本和符合条件的农民合作社、家庭农场等新型农业经营主体开展水土流失治理，保障水土保持投入
计分点③的依据：《中华人民共和国水土保持法》指出，县级以上人民政府应当保障水土保持监测工作经费

3. 得分变量(3)

得分变量(3)的计分标准见表 7.9。

表 7.9   人力资源保障程度($Wa-C_{1-3}$)计分标准

计分点	计分要求	计分
①有负责检查水域治理及保护工作的市级领导队伍 ②有落实检查考核机制的工作专班 ③仅强调专人负责检查的重要性	满足所有计分点	100
	满足 3 个计分点中的任意 2 个	65
	满足 3 个计分点中的任意 1 个	35
	无任何相关内容	0

计分点依据
计分点依据：《关于加强新时代水土保持工作的意见》指出，地方各级党委和政府要切实担负起水土保持责任，进一步加强组织建设、队伍建设、制度建设，明确目标任务和具体举措；《湿地保护管理规定》指出，要坚持和加强党对水土保持工作的全面领导，实行中央统筹、省负总责、市县抓落实的工作机制

4. 得分变量(4)

得分变量(4)的计分标准见表 7.10。

表 7.10　技术条件保障程度（Wa-C$_{1-4}$）计分标准

计分点	计分要求	计分
	满足所有计分点	100
①有用于检查水域固碳能力提升工作的智慧城市实施监控平台	满足 4 个计分点中的任意 3 个	75
②有用于检查水域固碳能力提升工作的无人机及 3S（GPS、RS、GIS）[①]技术	满足 4 个计分点中的任意 2 个	50
③有用于检查水域固碳能力提升工作的安全应急保障系统	满足 4 个计分点中的任意 1 个	25
④提出落实技术支撑的重要性，但无详细措施	无任何相关内容	0

计分点依据
计分点①②③的依据：《关于加强新时代水土保持工作的意见》指出，要推进遥感、大数据、云计算等现代信息技术与水土保持深度融合，强化水土保持监管、监测等信息共享和部门间互联互通，提高管理数字化、网络化、智能化水平；《关于在湖泊实施湖长制的指导意见》指出，要积极利用卫星遥感、无人机、视频监控等技术，加强对湖泊变化情况的动态监测
计分点④的依据：《全国湿地保护规划（2022—2030 年）》指出，要开展关键技术研究并遴选优秀成果，统筹研究山水林田湖草沙一体化保护和系统治理的湿地保护和修复技术。

第四节　水域碳汇维度的结果环节

水域碳汇维度的结果（O）环节有一个指标：水域固碳能力（Wa-O$_1$），其计算方法见表 7.11。衡量水域固碳能力时需要考虑两个关键因素：水域固碳量和人均水域拥有量。水域固碳量是指水体中吸收和储存的碳量，直接反映了水域的固碳能力。增加水域固碳量可以提高城市整体的固碳效果，而人均水域拥有量则是指每个居民所拥有的水域面积，较高的人均水域拥有量意味着拥有更大的固碳潜力和更好的生态系统服务。保障适当的水域面积对每个居民都至关重要，应确保水域固碳能力能够最大程度得到发挥，为低碳城市的可持续发展提供支持。

表 7.11　水域固碳能力（Wa-O$_1$）的计算方法

得分变量	得分变量编号	计算方法
水域固碳量/万 t	Wa-O$_{1-1}$	该得分变量为正向定量指标变量，采用式(2.16)进行计算
人均水域拥有量/m^2	Wa-O$_{1-2}$	该得分变量为正向定量指标变量，采用式(2.16)进行计算

得分变量依据
得分变量 Wa-O$_{1-1}$ 的依据：根据段晓男等(2008)的研究，固碳是湿地重要的生态服务功能之一，通过恢复湿地，可以提高我国陆地生态系统的固碳潜力。因此，水域固碳量应作为衡量城市低碳建设水平的重要指标
得分变量 Wa-O$_{1-2}$ 的依据：根据陈宜瑜(2022)的研究，湿地与人类的生存、繁衍、发展息息相关，是自然界中最富生物多样性的生态景观和人类最重要的生存环境之一。因此，人均水域拥有量应作为衡量城市低碳建设水平的重要指标

第五节　水域碳汇维度的反馈环节

水域碳汇维度的反馈（F）环节有一个指标：提升水域固碳能力的措施和方案（Wa-F$_1$）。通过提升水域固碳能力的措施和方案，可以有效增加水域的固碳潜力，帮助城市减少温室气体排放，有助于实现低碳发展目标。在提升水域固碳能力的措施和方案中，对影响水域

---

① GPS、RS 和 GIS 分别指全球定位系统（global positioning system）、遥感（remote sensing）和地理信息系统（geographic information system）。

固碳能力的主体实施奖惩措施[得分变量(1)]应作为关键内容。应奖励积极参与水域固碳工作、保护水域环境和开展固碳项目的主体，以促进水域固碳能力提升。同时，应对违规破坏水域生态、导致固碳能力下降的主体给予相应的惩罚，强化环境保护和固碳责任意识。此外，提升水域固碳能力的措施和方案还需要包含对过去实施的固碳工作进行总结与评估，并提出进一步提升水域固碳能力的方案[得分变量(2)]。通过总结已有的经验和教训，发现问题并及时改进，可以提高水域固碳工作的实施效果和可持续性。

1. 得分变量(1)

得分变量(1)的计分标准见表 7.12。

表 7.12　对影响水域固碳能力的主体实施奖惩措施($Wa-F_{1-1}$)计分标准

计分点	计分要求	计分
	满足所有计分点	100
①有明确的奖惩制度	满足 5 个计分点中的任意 4 个	80
②有个人奖惩制度	满足 5 个计分点中的任意 3 个	60
③有明确的考核制度	满足 5 个计分点中的任意 2 个	40
④有荣誉和批评制度	满足 5 个计分点中的任意 1 个	20
⑤纳入主体考核	无任何相关内容	0
计分点依据		

计分点①的依据：国家林业和草原局等联合发布的《重要湿地修复方案编制指南》指出，验收不合格的，可由省级林业草原主管部门责令限期整改

计分点②③的依据：《关于加强新时代水土保持工作的意见》指出，应实行地方政府水土保持目标责任制和考核奖惩制度，将考核结果作为领导班子和领导干部综合考核评价及责任追究、自然资源资产离任审计的重要参考

计分点④的依据：《湿地保护修复制度方案》强调，要坚持注重成效、严格考核的原则，将湿地保护修复成效纳入对地方各级人民政府领导干部的考评体系，严明奖惩制度

计分点⑤的依据：《湿地保护修复制度方案》强调，国务院湿地保护管理相关部门应制定湿地修复绩效评价标准，组织开展湿地修复工程的绩效评价

2. 得分变量(2)

得分变量(2)的计分标准见表 7.13。

表 7.13　进一步提升水域固碳能力的方案($Wa-F_{1-2}$)计分标准

计分点	计分要求	计分
	满足所有计分点	100
①发布水域保护总结报告	满足 4 个计分点中的任意 3 个	75
②发布水域保护方案	满足 4 个计分点中的任意 2 个	50
③召开水域保护总结会议	满足 4 个计分点中的任意 1 个	25
④积极引入或推广成功经验	无任何相关内容	0
计分点依据		

计分点①的依据：国家林业和草原局等联合发布的《重要湿地修复方案编制指南》指出，重要湿地修复后应加强监测管护，开展监测评估和适应性管理工作，及时发现生态风险，调整措施，保护修复成果

计分点②③的依据：《全国湿地保护规划(2022—2030 年)》指出，要建立湿地修复公示制度，依法公开湿地修复方案、修复成效，接受公众监督

计分点④的依据：《全国湿地保护规划(2022—2030 年)》指出，要立足湿地保护工作需求，积极吸纳国内外先进技术，并发扬推广成功经验

第八章　森林碳汇维度低碳建设水平计分标准

第一节　森林碳汇维度的规划环节

联合国政府间气候变化专门委员会(IPCC)的历次报告均明确指出提升森林碳汇水平对缓解气候变化具有重要意义，我国在《国家适应气候变化战略 2035》等文件中也强调了建设森林碳汇的重要性。因此，城市在森林碳汇维度的低碳建设目标是不断提升森林碳汇水平。在森林碳汇维度的规划(P)环节，各城市需要积极制定以提升森林碳汇水平为目标的规划，夯实开展森林碳汇建设工作的基础。该环节有 1 个指标，为提升森林碳汇水平的规划(Fo-P$_1$)，该指标包含保护森林植被碳储量的目标体系[得分变量(1)]与提升森林植被碳储量的目标体系[得分变量(2)]两个得分变量。这两个得分变量分别从保护森林现有碳汇不受破坏与挖掘森林未来的碳汇潜力两个方面诊断森林碳汇维度规划环节的低碳建设水平。

1. 得分变量(1)

得分变量(1)的计分标准见表 8.1。

表 8.1　保护森林植被碳储量的目标体系(Fo-P$_{1-1}$)计分标准

计分点	计分要求	计分
	满足所有计分点	100
①规划森林火灾受害率的目标数值	满足 4 个计分点中的任意 3 个	75
②规划林业有害生物成灾率的目标数值	满足 4 个计分点中的任意 2 个	50
③规划森林采伐限额的目标数值	满足 4 个计分点中的任意 1 个	25
④明确了森林植被碳储量的目标数值	无任何相关内容	0
计分点依据		
计分点①②③的依据：刘魏魏等(2016)、胡会峰和刘国华(2006)的研究明确指出，森林火灾、虫害与过度采伐均对森林植被的固碳能力有显著破坏作用		
计分点④的依据：《"十四五"林业草原保护发展规划纲要》强调，提高森林生态系统碳汇增量是推进林草碳汇行动的重要目标		

2. 得分变量(2)

得分变量(2)的计分标准见表 8.2。

表 8.2 提升森林植被碳储量的目标体系（Fo-P$_{1-2}$）计分标准

计分点	计分要求	计分
	满足所有计分点	100
①规划森林覆盖率的目标数值	满足 5 个计分点中的任意 4 个	80
②规划公益林面积的目标数值	满足 5 个计分点中的任意 3 个	60
③规划森林抚育面积的目标数值	满足 5 个计分点中的任意 2 个	40
④规划低效林改造面积的目标数值	满足 5 个计分点中的任意 1 个	20
⑤规划森林蓄积量的目标数值	无任何相关内容	0

计分点依据
计分点①⑤的依据：方精云等（2015）、朱万泽（2020）及王效科和刘魏魏（2021）在研究中明确指出，森林覆盖率与森林蓄积量显著影响森林碳汇能力
计分点②的依据：《关于全面推行林长制的意见》明确指出，要加强公益林管护；《中华人民共和国森林法》规定，应将以发挥生态效益为主要目的的林地和林地上的森林划定为公益林，国家对公益林实施严格保护。可见，以发挥生态效益为首要建设目的的公益林具有相对较大的碳汇潜力，提高公益林面积对提升森林碳汇水平十分重要
计分点③④的依据：成熟林与高固碳效率的森林具有更高的碳汇潜力，提高这两者的面积是森林碳汇建设的重要工作，而这一目标需要通过抚育中幼林、更新改造低效林实现。《中华人民共和国森林法》规定，县级以上人民政府林业主管部门应当有计划地组织公益林经营者对公益林中生态功能低下的疏林、残次林等低质低效林，采取林分改造、森林抚育等措施，提高公益林的质量和生态保护功能。《国家适应气候变化战略 2035》明确指出，强化天然中幼林抚育和开展退化次生林修复是恢复退化生态系统，增强其适应气候变化能力的重要措施。因此，积极实施森林抚育与低效林改造对建设森林碳汇具有重要意义

第二节 森林碳汇维度的实施环节

在森林碳汇维度的实施（I）环节诊断城市低碳建设水平的目的是分析落实森林碳汇规划的难易程度，各类必要的保障是落实森林碳汇规划的基础与重点，保障程度越高，落实森林碳汇规划越顺利。因此，森林碳汇维度的实施环节有 1 个指标，为落实森林碳汇水平提升工作的保障（Fo-I$_1$），该指标包含相关规章制度的完善程度[得分变量（1）]、专项资金保障程度[得分变量（2）]、人力资源保障程度[得分变量（3）]、技术条件保障程度[得分变量（4）]四个得分变量。这些得分变量分别从规章制度、资金、人力资源、技术等方面诊断森林碳汇维度实施环节的低碳建设水平。

1. 得分变量（1）

得分变量（1）的计分标准见表 8.3。

表 8.3 相关规章制度的完善程度（Fo-I$_{1-1}$）计分标准

计分点	计分要求	计分
①有保障森林营造与养护工作落实的地方性法规、规章、规范性文件或行政公文	满足计分点①②⑤	100
	满足计分点①②④	90
②有保障森林防灾减灾工作落实的地方性法规、规章、规范性文件或行政公文	满足计分点①②③	75
③有可办理森林碳汇相关业务的电子政务平台	满足计分点①⑤或计分点②⑤	60
④电子政务平台有清晰的关于森林碳汇业务的办理指南	满足计分点①④或计分点②④	45
⑤将森林碳汇相关业务纳为马上办、一次办等便捷办理专项	满足计分点①③或计分点②③	30
	满足计分点①②③中的任意 1 个	15
	无任何相关内容	0

续表

计分点依据
计分点①的依据：《中共中央关于坚持和完善中国特色社会主义制度 推进国家治理体系和治理能力现代化若干重大问题的决定》明确指出，要加快形成有力的法治保障体系；《森林法的修订思路和基本制度》明确指出，应将党中央关于天然林全面保护的决策转化为法律制度，严格限制天然林采伐。上述文件表明，完善相关规章制度对于推动法治保障体系的形成十分重要
计分点②的依据：《国务院办公厅关于进一步加强林业有害生物防治工作的意见》强调，要研究完善林业有害生物防治、植物检疫方面的法律法规，制定和完善符合国际惯例和国内实际的防治作业设计以及限期除治、防治成效检查考核等管理办法；应急管理部政策法规司司长王宛生在《关于全面加强新形势下森林草原防灭火工作的意见》的发布会上指出，应将建立健全法律法规摆到重要位置，完善防灭火法律法规，加快推进森林草原防灭火条例等法规制定修订工作
计分点③的依据：《国家林业和草原局行政许可工作管理办法》明确指出，申请人可以通过网上审批平台在线提交、邮寄以及现场申请等方式提出行政许可申请。因此，各城市要积极建设可办理森林碳汇相关业务的电子政务平台，使申请人享有国家法律法规规定的权利，推动森林碳汇建设
计分点④的依据：《国家林业和草原局行政许可工作管理办法》明确指出，国家林草局应当依法制作行政许可事项服务指南，按照规定在办公场所、网站公示行政许可事项及其适用范围、审查类型、审批依据、受理机构、承办机构、申请材料、申请接收方式和接收地址、办理流程和办理方式、审批条件和时限、收费依据、监督投诉渠道等信息，以及需要提交的申请材料目录和申请书（表）示范文本
计分点⑤的依据：《国家林业和草原局行政许可工作管理办法》明确指出，对于申请材料齐全、符合法定形式，能够当场作出行政许可决定的事项以及适用告知承诺制的事项，应按照以下简易程序办理：①政务服务中心收到申请后，立即通知承办单位进行审查；②经审查符合条件的，承办单位当场办结；③政务服务中心当日送出行政许可决定。可见，简化符合规定的政务流程以为申办者提供便利十分重要。因此，在森林碳汇相关业务的办理流程中，要积极将符合规定的业务纳为一次办、马上办等便捷办理专项

2. 得分变量（2）

得分变量（2）的计分标准见表 8.4。

表 8.4 专项资金保障程度（Fo-I$_{1\text{-}2}$）计分标准

计分点	计分要求	计分
①有支持森林面积提升工程的专项资金 ②有支持森林质量提升工程的专项资金 ③有支持森林灾害防治的专项资金 ④有支持森林碳汇交易市场建设的专项资金	满足所有计分点	100
	满足 4 个计分点中的任意 3 个	75
	满足 4 个计分点中的任意 2 个	50
	满足 4 个计分点中的任意 1 个	25
	无任何相关内容	0

计分点依据
计分点①②的依据：《中华人民共和国森林法》明确规定，中央和地方财政应分别安排资金，用于公益林的营造、抚育、保护、管理和非国有公益林权利人的经济补偿等，实行专款专用；《林业事业费管理办法》规定，林业事业费包括森林资源保护费，应对林业事业费实行专款专用，严禁挤占、挪用。可见，为森林面积与质量提升工作提供资金保障十分重要
计分点③的依据：《中华人民共和国森林法》明确规定，地方各级人民政府应负责本行政区域的森林防火工作，保障预防和扑救森林火灾所需费用；《国务院办公厅关于进一步加强林业有害生物防治工作的意见》明确指出，地方人民政府要将林业有害生物普查、监测预报、植物检疫、疫情除治和防治基础设施建设等资金纳入财政预算，加大资金投入
计分点④的依据：李怒云等（2010）的研究强调，充足的资金对碳汇交易市场的建设十分重要；《国家林业局关于推进林业碳汇交易工作的指导意见》明确指出，省级林业主管部门要在相关政策、资金、人员等方面统筹考虑，确保林业碳汇交易工作稳步推进、规范开展、取得实效。可见，专项资金是推动森林碳汇交易市场建设的必备资源

3. 得分变量（3）

得分变量（3）的计分标准见表 8.5。

表 8.5　人力资源保障程度 (Fo-I$_{1-3}$) 计分标准

计分点	计分要求	计分
①设立市级林长 ②市辖各区(县)设立区(县)级林长 ③设立镇级林长 ④设立村级林长 ⑤设立乡村护林员	满足计分点⑤	100
	满足计分点④	80
	满足计分点③	60
	满足计分点②	40
	满足计分点①	20
	无任何相关内容	0

计分点依据

计分点①②③④的依据:《关于全面推行林长制的意见》明确指出,各省(自治区、直辖市)可根据实际情况,设立市、区(县)、镇、村级林长,地方各级林业和草原主管部门承担林长制组织实施的具体工作

计分点⑤的依据:国家林业和草原局在《乡村护林(草)员管理办法》中明确指出,要加强全国乡村护林(草)队伍建设,建立健全乡村护林(草)网络,规范乡村护林(草)员管理工作,保障乡村护林(草)员合法权益,充分发挥乡村护林(草)员在保护森林、草原、湿地、荒漠等生态系统和生物多样性方面的作用

4. 得分变量(4)

得分变量(4)的计分标准见表 8.6。

表 8.6　技术条件保障程度 (Fo-I$_{1-4}$) 计分标准

计分点	计分要求	计分
①明确或研究了本土适用的碳汇树种 ②有与森林营造和养护相关的地方标准、规范(程)或技术导则 ③有与森林防灾减灾相关的地方标准、规范(程)或技术导则 ④有建成或在建的森林碳汇监测计量体系、林草大数据管理应用基础平台、林草资源"图、库、数"等数据库	满足所有计分点	100
	满足 4 个计分点中的任意 3 个	75
	满足 4 个计分点中的任意 2 个	50
	满足 4 个计分点中的任意 1 个	25
	无任何相关内容	0

计分点依据

计分点①的依据:2023 年 3 月国家林业和草原局在其官网公开刊文《浙江省林业局发布"十大碳汇树种"》中明确指出,浙江省"十大碳汇树种"为全国率先发布,推广碳汇树种造林将从根本上提高浙江省森林固碳效能,增加森林碳储量,助力实现碳达峰碳中和。可见,明确本土适用的碳汇树种可以显著促进森林碳汇建设工作,各城市在建设森林碳汇时,要积极研究并明确本土适用的碳汇树种

计分点③的依据:应急管理部政策法规司司长王宛生在《关于全面加强新形势下森林草原防灭火工作的意见》的发布会上强调,要健全优化森林草原防灭火标准体系,组建技术组织,坚持急用先行制定相关标准;《国务院办公厅关于进一步加强林业有害生物防治工作的意见》强调,要抓紧制(修)订防治检疫技术、林用农药使用、防治装备等标准

计分点④的依据:《生态系统碳汇能力巩固提升实施方案》明确指出,"十四五"期间,要基本摸清我国生态系统碳储量本底和增汇潜力,初步建立与国际接轨的生态系统碳汇计量体系;"十五五"期间,生态系统碳汇调查监测评估与计量核算体系应不断完善。《"十四五"林业草原保护发展规划纲要》强调,要加快林草大数据管理应用基础平台建设,形成林草资源"图、库、数"

第三节　森林碳汇维度的检查环节

建立低碳城市在森林碳汇维度检查环节的诊断指标体系的目的是检查森林碳汇规划与实施环节中各项工作的落实程度,以相关的具体检查与监督行为作为抓手来保证森林碳

汇建设的进度与质量，推动森林碳汇建设走向良性循环。因此，该环节有一个指标，为对森林碳汇水平提升工作的监督行为(Fo-C$_1$)，其包含三个得分变量，分别为落实监督行为的机制保障[得分变量(1)]、落实监督行为的资源保障[得分变量(2)]与监督行为的体现形式[得分变量(3)]。这三个得分变量分别从落实监督行为的体制机制、必要资源与监督行为落实程度三个方面诊断森林碳汇维度检查环节的城市低碳建设水平。

1. 得分变量(1)

得分变量(1)的计分标准见表8.7。

表 8.7　落实监督行为的机制保障(Fo-C$_{1-1}$)计分标准

计分点	计分要求	计分
①有监督森林营造与养护工作落实的地方性法规、规章、规范性文件 ②有监督森林防灾减灾工作落实的地方性法规、规章、规范性文件 ③有监督森林营造与养护工作落实的行政公文 ④有监督森林防灾减灾工作落实的行政公文	满足所有计分点	100
	满足4个计分点中的任意3个	75
	满足4个计分点中的任意2个	50
	满足4个计分点中的任意1个	25
	无任何相关内容	0
计分点依据		
计分点依据：《森林资源监督工作管理办法》明确指出，森林资源监督是林业行政执法的重要组成部分，也是加强森林资源管理的重要措施。《"十四五"林业草原保护发展规划纲要》指出，要强化森林督查制度化、规范化。同时，要健全林草法律体系，推进法治建设。因此，在对于森林碳汇建设有重要意义的森林营造、养护、防灾减灾等领域，完善监督制度体系对森林碳汇建设工作十分重要		

2. 得分变量(2)

得分变量(2)的计分标准见表8.8。

表 8.8　落实监督行为的资源保障(Fo-C$_{1-2}$)计分标准

计分点	计分要求	计分
①有用于监督森林碳汇建设工作的专项资金 ②有监督森林碳汇建设的工作小组 ③有用于监督森林碳汇水平提升工作的政务通道(如电子政务网、监督电话、线下政务服务网点等) ④有用于监督森林碳汇水平提升工作的系统平台(如"天空地"综合监测评价系统、智慧林业监管平台等)	满足所有计分点	100
	满足4个计分点中的任意3个	75
	满足4个计分点中的任意2个	50
	满足4个计分点中的任意1个	25
	无任何相关内容	0
计分点依据		
计分点①的依据：《乡村护林(草)员管理办法》明确指出，要加强全国乡村护林(草)队伍建设，建立健全乡村护林(草)网络，规范乡村护林(草)员管理工作，保障乡村护林(草)员合法权益，充分发挥乡村护林(草)员在保护森林、草原、湿地、荒漠等生态系统和生物多样性方面的作用 计分点②的依据：《国务院办公厅关于推广随机抽查规范事中事后监管的通知》明确指出，要建立随机抽取检查对象、随机选派执法检查人员的抽查机制。同时，随机抽查不仅要在市场监管领域推广，而且要在各部门的检查工作中广泛运用。各部门要根据本通知的要求，抓紧制定实施方案，细化在本部门、本领域推广随机抽查的任务安排和时间进度要求。可见，在森林碳汇建设领域，为相关监督工作设立工作小组、保障人力资源非常重要 计分点③的依据：《国家林业和草原局关于加强引进林木种子、苗木检疫审批与监管工作的通知》强调，审批机构应以"互联网+监管"为依托和改革方向，建立健全监管制度，履行监管责任。可通过现场检查、企业约谈、电话回访、视频监控等多种方式开展监管工作，也可组织县级以上林业和草原主管部门、行业协会等开展监管 计分点④的依据：中国政府网在2020年发布的《广东省佛山市积极推行"人工智能+双随机"监管》一文中公开指出，广东省将人工智能技术与"双随机、一公开"监管相结合，提升了监管效能。可见，技术支撑对监督效率与质量非常重要		

3. 得分变量(3)

得分变量(3)的计分标准见表8.9。

表 8.9 监督行为的体现形式(Fo-C$_{1-3}$)计分标准

计分点	计分要求	计分
①公开发布与森林碳汇建设相关的行政许可随机抽查结果	满足所有计分点	100
②公开发布森林覆盖率、森林蓄积量等规划指标与森林碳汇建设年度计划完成情况	满足4个计分点中的任意3个	75
③公布当年森林碳汇建设工作的开展情况	满足4个计分点中的任意2个	50
④定期通报森林碳汇建设的重点工作	满足4个计分点中的任意1个	25
	无任何相关内容	0

计分点依据
计分点①的依据:《国家林业局行政许可随机抽查检查办法》明确指出,抽查工作结束后,检查单位应在20个工作日内形成包括抽查过程、抽查结果等内容的抽查工作报告,然后报国家林业局分管局领导审阅,并将抽查结果及时告知抽查对象。抽查结果应依法予以公开,并在有关信用信息平台上发布
计分点②的依据:《"十四五"林业草原保护发展规划纲要》明确指出,应设立林长考核制度,重点督查考核森林覆盖率、森林蓄积量、草原综合植被盖度、沙化土地治理面积等指标和年度计划任务完成情况
计分点③的依据:《关于全面推行林长制的意见》明确指出,林长制需要接受社会监督,应建立林长制信息发布平台,每年公布森林草原资源保护发展情况
计分点④的依据:《关于全面推行林长制的意见》明确指出,林长制需要健全工作机制,建立健全林长会议制度、信息公开制度、部门协作制度、工作督查制度,研究森林草原资源保护发展中的重大问题,定期通报森林草原资源保护发展重点工作

第四节 森林碳汇维度的结果环节

建设森林碳汇的目的是提升森林碳汇水平,分析城市当年的森林碳汇水平是在森林碳汇维度的结果(O)环节建立低碳建设水平诊断指标体系的主要目的。因此,该环节包含1个指标,为森林碳汇水平(Fo-O$_1$)。该指标包含四个得分变量,分别为森林覆盖率[得分变量(1)]、森林植被碳储量[得分变量(2)]、森林火灾受害率[得分变量(3)]与林业有害生物成灾率[得分变量(4)]。这四个得分变量分别从森林固碳量与森林建设、管理及灾害防治水平等方面诊断城市在森林碳汇维度的结果环节的低碳建设水平。

1. 得分变量(1)

得分变量(1)的计分标准见表8.10。

表 8.10 森林覆盖率(Fo-O$_{1-1}$)计分标准

计分点	计分要求	计分
①35%<森林覆盖率≤100%	满足计分点①	100
②30%<森林覆盖率≤35%	满足计分点②	80
③20%<森林覆盖率≤30%	满足计分点③	60
④10%<森林覆盖率≤20%	满足计分点④	40
⑤0<森林覆盖率≤10%	满足计分点⑤	20
⑥森林覆盖率=0	满足计分点⑥	0

计分点依据
计分点依据：方精云等(2015)、王效科和刘魏魏(2021)的研究明确指出，森林覆盖率显著影响森林碳汇能力；《国家森林城市评价指标》(GB/T 37342—2019)规定，年降水量在400mm以下的城市林木覆盖率应超过25%，年降水量为400~800mm的城市林木覆盖率应超过30%

2. 得分变量(2)~得分变量(4)

得分变量(2)~得分变量(4)分别为森林植被碳储量、森林火灾受害率、林业有害生物成灾率($Fo-O_{1-2}$、$Fo-O_{1-3}$、$Fo-O_{1-4}$)。它们为定量得分变量，无计分点，以《中国低碳城市建设水平诊断(2022)》第三章中的公式计算其得分，各得分变量的选取依据见表8.11。

表8.11　得分变量(2)~得分变量(4)的计算方法

得分变量	得分变量编号	计算方法
森林植被碳储量/万t	$Fo-O_{1-2}$	该得分变量为正向定量指标变量，采用式(2.16)进行计算
森林火灾受害率/‰	$Fo-O_{1-3}$	该得分变量为负向定量指标变量，采用式(2.17)进行计算
林业有害生物成灾率/‰	$Fo-O_{1-4}$	该得分变量为负向定量指标变量，采用式(2.17)进行计算

得分变量依据
得分变量$Fo-O_{1-2}$的依据：《"十四五"林业草原保护发展规划纲要》明确指出，森林植被碳储量是衡量森林碳汇建设水平的重要指标
得分变量$Fo-O_{1-3}$的依据：方精云等(2015)、刘魏魏等(2016)的研究明确指出，森林火灾对森林植被的固碳能力有明显的破坏作用
得分变量$Fo-O_{1-4}$的依据：《国务院办公厅关于进一步加强林业有害生物防治工作的意见》强调，到2020年，应实现林业有害生物监测预警、检疫御灾、防治减灾体系全面建成，防治检疫队伍建设得到全面加强，生物入侵防范能力得到显著提升，林业有害生物危害得到有效控制，主要林业有害生物成灾率控制在4‰以下；方精云等(2015)、刘魏魏等(2016)的研究明确指出，虫害对森林植被的固碳能力有明显的破坏作用

第五节　森林碳汇维度的反馈环节

森林碳汇维度的反馈(F)环节的作用是通过总结当下的建设经验与教训，为下一步工作的开展提供借鉴，在此环节诊断森林碳汇建设水平的关键是分析城市在进一步提升森林碳汇建设水平方面有何措施。因此，该环节包含1个指标，为进一步提升森林碳汇建设水平的措施($Fo-F_1$)。该指标包含三个得分变量，分别为森林碳汇建设工作总结[得分变量(1)]、奖励对提升森林碳汇水平有突出贡献的主体[得分变量(2)]与处罚破坏森林碳汇的主体[得分变量(3)]。这三个得分变量分别从总结经验教训、激励正向行为、遏制负向行为三个方面诊断森林碳汇维度反馈环节的低碳建设水平。

1. 得分变量(1)

得分变量(1)的计分标准见表8.12。

表 8.12　森林碳汇建设工作总结(Fo-F$_{1\text{-}1}$)计分标准

计分点	计分要求	计分
	满足计分点③④⑤⑥	100
①政府部门召开相关专题总结会议或发布相关总结文本	满足计分点③④⑤⑥中的任意 3 个	75
②相关行业协会召开相关专题总结会议或发布相关总结文本	满足计分点③④⑤⑥中的任意 2 个	60
③政府部门发布的总结文本中有相关经验或教训	满足计分点③④⑤⑥中的任意 1 个	45
④政府部门发布的总结文本中明确了改进方案	满足计分点①②	30
⑤相关行业协会发布的总结文本中有相关经验或教训	满足计分点①②中的任意 1 个	15
⑥相关行业协会发布的总结文本中明确了改进方案	无任何相关内容	0

计分点依据

计分点依据:国务院在《关于全面推行林长制的意见》中明确指出,要建立健全林长会议制度、信息公开制度、部门协作制度、工作督查制度,研究森林草原资源保护发展中的重大问题,定期通报森林草原资源保护发展重点工作,同时强调各省(自治区、直辖市)党委和政府在推行林长制过程中,应将重大情况及时报告党中央、国务院;国家林业和草原局在其官网设立了关于总结的专栏,系统总结了在林草发展工作中各具体任务的完成情况与下一步工作的重点。可见,及时总结森林碳汇建设中的经验教训并向社会公布十分重要。政府部门与行业协会分别作为森林碳汇建设的主体与重要支撑,要积极对森林碳汇建设工作进行全面总结

2. 得分变量(2)

得分变量(2)的计分标准见表 8.13。

表 8.13　奖励对提升森林碳汇水平有突出贡献的主体(Fo-F$_{1\text{-}2}$)计分标准

计分点	计分要求	计分
	满足计分点②③	100
①有明确的奖励制度	满足计分点②③中的任意 1 个	75
②体现政府实施了奖励制度(如公示奖励结果、公开奖励申报程序等)	满足计分点①	50
③体现相关合法社会团体(如行业协会等)实施了奖励制度	满足计分点④	25
④提出给予奖励的重要性,但无具体制度与落实措施	无任何相关内容	0

计分点依据

计分点依据:《中华人民共和国森林法》明确规定,对在造林绿化、森林保护、森林经营管理以及林业科学研究等方面成绩显著的组织或者个人,应按照国家有关规定给予表彰、奖励。可见,奖励对提升森林碳汇水平有突出贡献的主体十分重要,而奖励的实施首先依赖于明确的奖励制度,设立明确的奖励制度是党中央依法治国理念的体现

3. 得分变量(3)

得分变量(3)的计分标准见表 8.14。

表 8.14　处罚破坏森林碳汇的主体(Fo-F$_{1\text{-}3}$)计分标准

计分点	计分要求	计分
	满足计分点②③	100
①有明确的处罚制度	满足计分点②③中的任意 1 个	75
②体现政府实施了处罚制度(如公示处罚结果、公开处罚程序等)	满足计分点①	50
③体现相关合法社会团体(如行业协会等)实施了处罚制度	满足计分点④	25
④提出施以处罚的重要性,但无具体制度与落实措施	无任何相关内容	0

计分点依据
计分点依据：《中华人民共和国森林法》明确规定，破坏森林资源造成生态环境损害的，县级以上人民政府自然资源主管部门、林业主管部门可以依法向人民法院提起诉讼，对侵权人提出损害赔偿要求。县级以上人民政府林业主管部门或者其他有关国家机关未依照本法规定履行职责的，应对直接负责的主管人员和其他直接责任人员依法给予处分。可见，处罚破坏森林碳汇的主体对森林碳汇建设具有重要意义。因此，需要设立明确的处罚制度，以在森林碳汇建设领域贯彻党中央依法治国的理念

第九章 绿地碳汇维度低碳建设水平计分标准

第一节 绿地碳汇维度的规划环节

绿地碳汇维度的规划(P)环节有一个指标,即提升绿地固碳能力的规划(GS-P$_1$),该指标包含三个得分变量:①绿地面积保护与提升规划[得分变量(1)]。应以"十四五"时期城市绿地系统专项规划的要求为依据,从绿地系统划分层级、绿地保护类型与数量、绿地建设具体要求、绿地面积提升策略等方面,考量城市保护与提升绿地面积的成效,彰显城市在绿地保护方面的顶层设计、管理能力和实施力度。②绿地固碳质量提升规划[得分变量(2)]。绿地固碳质量作为衡量绿地碳汇水平的重要指标,可以体现当前城市绿地建设与低碳发展间的关联性。③绿地管理水平提升规划[得分变量(3)]。选取绿地管理水平提升规划作为得分变量是因为《"十四五"乡村绿化美化行动方案》明确提出,提升绿地管理水平是改善乡村生态环境的重要手段。绿地管理水平可以从管理层面反映城市对绿地建设的重视程度。

1. 得分变量(1)

得分变量(1)的计分标准见表9.1。

表 9.1 绿地面积保护与提升规划(GS-P$_{1-1}$)计分标准

计分点	计分要求	计分
	满足所有计分点	100
①有多层级的绿地系统规划	满足 5 个计分点中的任意 4 个	80
②有明确的绿地保护类型及面积	满足 5 个计分点中的任意 3 个	60
③有明确的绿地面积提升目标	满足 5 个计分点中的任意 2 个	40
④明确提出绿地建设具体要求	满足 5 个计分点中的任意 1 个	20
⑤明确提出绿地面积提升策略	无任何相关内容	0
计分点依据		

计分点①的依据:《全国造林绿化规划纲要(2011—2020 年)》指出,要着力快速推进国土绿化,根据我国各区域地理气候条件,科学制定造林绿化发展战略;廖远涛和肖荣波(2012)强调多层级的绿地系统规划有利于城市绿地保护与利用。因此,将"有多层级的绿地系统规划"列为该得分变量的计分点

计分点②的依据:《全国国土绿化规划纲要(2022—2030 年)》明确要求,未来应使自然生态系统质量和稳定性不断提高,沙化土地和水土流失治理稳步推进,生态系统碳汇增量明显提升。因此,将"有明确的绿地保护类型及面积"列为该得分变量的计分点

计分点③的依据:翟宇佳(2014)指出对城市各绿地的尺度与面积提出明确的指标要求,能够更有针对性地指导城市绿地系统规划。因此,将"有明确的绿地面积提升目标"列为该得分变量的计分点

计分点④的依据:《国务院办公厅关于科学绿化的指导意见》指出,要加大城乡公园绿地建设,并明确指出城乡绿地建设的必要性。各地要根据第三次全国国土调查数据和国土空间规划,综合考虑土地利用结构、土地适宜性等因素,科学划定绿化用地,实行精准化管理。因此,将"明确提出绿地建设具体要求"列为该得分变量的计分点

计分点⑤的依据:王敏和宋昊洋(2023)提出多尺度精准增效策略以提升城市绿地规划转型提供专业支撑。因此,将"明确提出绿地面积提升策略"列为该得分变量的计分点

2. 得分变量(2)

得分变量(2)的计分标准见表9.2。

表 9.2　绿地固碳质量提升规划(GS-P$_{1-2}$)计分标准

计分点	计分要求	计分
①构建多层次、完整的绿色生态网络 ②通过绿地建设提出生态环境质量改善目标 ③提出优化群落类型与景观格局 ④明确提出乔灌木覆盖率提升与树种规划要求 ⑤明确指出近期建设重点	满足所有计分点	100
	满足 5 个计分点中的任意 4 个	80
	满足 5 个计分点中的任意 3 个	60
	满足 5 个计分点中的任意 2 个	40
	满足 5 个计分点中的任意 1 个	20
	无任何相关内容	0

计分点依据

计分点①的依据:《全国城市生态保护与建设规划(2015—2020 年)》明确指出,完善城市绿色生态网络是城市生态空间保护与管控的主要任务之一,应通过合理布局各类城市结构性绿地,实现碳汇水平提升;张浪等(2021)指出构建多层次、完整的绿色生态网络的重要性。因此,将"构建多层次、完整的绿色生态网络"列为该得分变量的计分点

计分点②的依据:党的十九届中央委员会第五次全体会议通过《中共中央关于制定国民经济和社会发展第十四个五年规划和二〇三五年远景目标的建议》,重点从构建和优化国土空间开发和保护格局、推动绿色低碳发展、推进清洁生产和加强污染治理 4 个方面介绍了环境保护与改善的任务与路径。因此,将"通过绿地建设提出生态环境质量改善目标"列为该得分变量的计分点

计分点③的依据:2010 年国务院批准发布《中国生物多样性保护战略与行动计划(2011—2030 年)》,为了加强优先区域保护,要求对于片段化分布的自然保护区和其他类型保护区域,要建设生物廊道,增强保护区间的连通性,提高整体保护水平。对于面积较小的重要野生动植物分布地,要建立保护小区,引导当地居民参与保护。因此,将"提出优化群落类型与景观格局"列为该得分变量的计分点

计分点④的依据:《城市古树名木保护管理办法》提出了树种规划要求,并且明确指出提升乔灌木覆盖率有利于城市绿地的发展。因此,将"明确提出乔灌木覆盖率提升与树种规划要求"列为该得分变量的计分点

计分点⑤的依据:《城市绿线管理办法》强调提升绿地固碳质量时需要设立近期建设重点。因此,将"明确指出近期建设重点"列为该得分变量的计分点

3. 得分变量(3)

得分变量(3)的计分标准见表9.3。

表 9.3　绿地管理水平提升规划(GS-P$_{1-3}$)计分标准

计分点	计分要求	计分
①明确提出城市绿线管理要求 ②明确提出林木养护管理措施 ③明确提出绿地系统病虫害防治规划 ④明确提出绿地系统布局及防灾避险功能管理要求 ⑤明确指出近期绿地管理的重点	满足所有计分点	100
	满足 5 个计分点中的任意 4 个	80
	满足 5 个计分点中的任意 3 个	60
	满足 5 个计分点中的任意 2 个	40
	满足 5 个计分点中的任意 1 个	20
	无任何相关内容	0

计分点依据

计分点①的依据:《城市绿线管理办法》指出,省、自治区人民政府建设行政主管部门负责本行政区域内的城市绿线管理工作。城市人民政府规划、园林绿化行政主管部门,按照职责分工负责城市绿线的监督和管理工作。因此,将"明确提出城市绿线管理要求"列为该得分变量的计分点。

计分点②的依据:建设部 2000 年印发的《城市古树名木保护管理办法》提出了林木养护管理措施,其对于提升城市绿地管理水平有着重要的意义。因此,将"明确提出林木养护管理措施"列为该得分变量的计分点

计分点③的依据：李春红(2009)的研究强调了绿地系统病虫害防治规划的重要性，并指出病虫害防治是提升绿地管理水平的重要一环。因此，将"明确提出绿地系统病虫害防治规划"列为该得分变量的计分点

计分点④的依据：住房和城乡建设部在《关于加强城市绿地系统建设提高城市防灾避险能力的意见》中指出，城市绿地作为城市敞开空间，在地震、火灾等重大灾害发生时，能够作为人民群众紧急避险、疏散转移或临时安置的重要场所，是城市防灾减灾体系的重要组成部分。费文君和高祥飞(2020)也指出了绿地防灾避险管理的重要性。因此，将"明确提出绿地系统布局及防灾避险功能管理要求"列为该得分变量的计分点

计分点⑤的依据：《国务院办公厅关于科学绿化的指导意见》《城市绿线管理办法》等都指出了近期绿地管理的重点。因此，将"明确指出近期绿地管理的重点"列为该得分变量的计分点

第二节　绿地碳汇维度的实施环节

绿地碳汇维度的实施(I)环节有一个指标：提升绿地固碳能力的保障($GS\text{-}I_1$)。这一指标包括相关规章制度的完善程度[得分变量(1)]、专项资金保障程度[得分变量(2)]、人力资源保障程度[得分变量(3)]和技术条件保障程度[得分变量(4)]4个得分变量。选取相关规章制度的完善程度作为得分变量是因为我国绿地碳汇建设实施程度与规章制度的完善程度有着极大的关系，而选取专项资金保障程度、人力资源保障程度和技术条件保障程度这3个得分变量是因为绿地系统专项规划落实过程中需要资金、人力以及技术的支撑，多方支撑有助于更好地促进绿地碳汇水平提升。

1. 得分变量(1)

得分变量(1)的计分标准见表9.4。

表9.4　相关规章制度的完善程度($GS\text{-}I_{1\text{-}1}$)计分标准

计分点	计分要求	计分
	满足所有计分点	100
①有保障绿地碳汇工作落实的地方性法规	满足5个计分点中的任意4个	80
②有保障绿地碳汇工作落实的行政公文	满足5个计分点中的任意3个	60
③有办理绿地治理和保护事务的线下办事网点	满足5个计分点中的任意2个	40
④有清晰展示绿地治理和保护相关专题专栏的电子政务平台	满足5个计分点中的任意1个	20
⑤有关于绿地碳汇建设的反馈渠道(如公众号、小程序等)	无任何相关内容	0

计分点依据

计分点①②的依据：于天飞和夏恩龙(2022)通过将绿地碳汇研究成果进行技术分类对比，针对绿地碳汇价值实现过程中存在的技术问题，指出应选择合适的碳汇技术评价体系，其中政策因素是影响绿地碳汇价值实现的重要路径。因此，将"有保障绿地碳汇工作落实的地方性法规""有保障绿地碳汇工作落实的行政公文"列为该得分变量的计分点

计分点③的依据：韩国栋等(2023)明确指出，构建绿地草原固碳减排技术平台和网点对于提升绿地保护和治理政务的管理水平非常重要。因此，将"有办理绿地治理和保护事务的线下办事网点"列为该得分变量的计分点

计分点④⑤的依据：国家发展改革委指出电子政务平台应免费开放；中国认证认可协会发布的团体标准《碳管理体系要求》(T/CCAA 39—2022)要求在其各职能和层级间就碳中和管理体系的相关信息进行内部信息交流，并与相关方建立沟通渠道。《国务院办公厅关于进一步优化地方政务服务便民热线的指导意见》强调政务服务便民热线应直接面向企业和群众，是反映问题建议、推动解决政务服务问题的重要渠道。优化政务服务便民热线，对于有效利用政务资源、提高服务效率、加强监督考核、提升企业和群众满意度具有重要作用。因此，将"有清晰展示绿地治理和保护相关专题专栏的电子政务平台""有关于绿地碳汇建设的反馈渠道(如公众号、小程序等)"列为该得分变量的计分点

2. 得分变量(2)

得分变量(2)的计分标准见表9.5。

表9.5　专项资金保障程度(GS-I$_{1-2}$)计分标准

计分点	计分要求	计分
①有社会资本支持绿地治理和保护 ②有相关资金管理办法 ③有政府专项资金支持绿地治理和保护 ④有关于绿地治理和保护的近期建设资金预算 ⑤未来有绿地开发建设相关投资	满足所有计分点	100
	满足5个计分点中的任意4个	80
	满足5个计分点中的任意3个	60
	满足5个计分点中的任意2个	40
	满足5个计分点中的任意1个	20
	无任何相关内容	0
计分点依据		
计分点①②③的依据:《重点生态保护修复治理资金管理办法》指出建设项目资金和规划设计项目资金应由住房和城乡建设委员会根据项目进展程度提出拨付意见,由市财政局拨付。因此,将"有相关资金管理办法""有社会资本支持绿地治理和保护""有政府专项资金支持绿地治理和保护"列为该得分变量的计分点 计分点④⑤的依据:《国务院关于加强城市绿化建设的通知》强调,要加大城市绿化资金投入,建立稳定、多元化的资金渠道。城市绿化建设资金是城市公共财政支出的重要组成部分,要坚持以政府投入为主的方针。城市各级财政应安排必要的资金保证城市绿化工作的需要,要加大城市绿化隔离林带和大型公园绿地建设的投入,特别是要增加管理维护资金。因此,将"有关于绿地治理和保护的近期建设资金预算""未来有绿地开发建设相关投资"列为该得分变量的计分点		

3. 得分变量(3)

得分变量(3)的计分标准见表9.6。

表9.6　人力资源保障程度(GS-I$_{1-3}$)计分标准

计分点	计分要求	计分
①有负责推进绿地治理和保护的行业协会(如园林绿化行业协会、环境保护协会等) ②有负责推进绿地治理和保护的政府工作专项小组 ③有负责绿地系统修复的专家人才 ④有负责园林城市、花园城市评估的人才 ⑤未来将引进绿地碳汇相关方面的高层次人才	满足所有计分点	100
	满足5个计分点中的任意4个	80
	满足5个计分点中的任意3个	60
	满足5个计分点中的任意2个	40
	满足5个计分点中的任意1个	20
	无任何相关内容	0
计分点依据		
计分点依据:陈静(2023)明确指出保障人力资源是实现碳汇生态产品价值的重要路径;王青(2019)明确指出人力资源作为碳汇政策的重要组成部分,是保障碳汇政策得以实施的重要抓手		

4. 得分变量(4)

得分变量(4)的计分标准见表9.7。

表 9.7 技术条件保障程度 (GS-I_{1-4}) 计分标准

计分点	计分要求	计分
①有关于绿地碳汇的研究与设计推广机构[如研究院(所)、设计院、集团公司等]	满足所有计分点	100
	满足 5 个计分点中的任意 4 个	80
②有关于绿地保护及营建的技术导则与地方规范	满足 5 个计分点中的任意 3 个	60
③提出关于生态城市、园林城市建设的试点办法	满足 5 个计分点中的任意 2 个	40
④设立有助于开展绿地碳汇建设的智慧平台	满足 5 个计分点中的任意 1 个	20
⑤提出未来将引进绿地碳汇相关技术	无任何相关内容	0

计分点依据

计分点①的依据:于天飞和夏恩龙(2022)指出在绿地碳汇价值实现过程中不仅要关注政府活动,而且要落实到相关研究院所中去。因此,将"有关于绿地碳汇的研究与设计推广机构[如研究院(所)、设计院、集团公司等]"列为该得分变量的计分点

计分点②③的依据:李勇(2018)指出国家园林城市建设标准是评价城市生态环境质量的重要标准。因此,将"有关于绿地保护及营建的技术导则与地方规范""有关于生态城市、园林城市建设的试点办法"列为该得分变量的计分点

计分点④⑤的依据:张浪(2023)指出构建绿地碳汇建设智慧平台是提升绿地碳汇水平的重要技术手段。因此,将"设立有助于开展绿地碳汇建设的智慧平台""提出未来将引进绿地碳汇相关技术"列为该得分变量的计分点

第三节 绿地碳汇维度的检查环节

检查(C)环节是监督绿地固碳能力提升规划和措施有效实施的保障,主要的检查内容包括制度、人力、资金及技术条件状况。有一个指标为:监督绿地固碳能力提升的检查内容($Gs-C_1$)。这一指标下包含四个得分变量分别是:相关规章制度的完善程度[得分变量(1)]、专项资金保障程度[得分变量(2)]、人力资源保障程度[得分变量(3)]以及技术条件保障程度[得分变量(4)]。

1. 得分变量(1)

得分变量(1)的计分标准见表 9.8。

表 9.8 相关规章制度的完善程度 (GS-C_{1-1}) 计分标准

计分点	计分要求	计分
①有监督绿地碳汇工作落实的地方性法规	满足所有计分点	100
②有监督绿地碳汇工作落实的行政公文	满足 5 个计分点中的任意 4 个	80
③政府或行业协会网站的专栏专题中有关于绿地碳汇监督的公示、公告、通知、政务办理指南	满足 5 个计分点中的任意 3 个	60
④有关于实施绿地碳汇监督的新闻报道、公众号等	满足 5 个计分点中的任意 2 个	40
⑤社区/街道设置相关人员对绿地开发建设进行监督整改	满足 5 个计分点中的任意 1 个	20
	无任何相关内容	0

计分点依据

计分点①②的依据:《国务院关于加强和规范事中事后监管的指导意见》明确指出,要严格实施监督考核,健全制度化监管规则,逐步建立系统完善的碳达峰碳中和综合评价考核制度。因此,将"有监督绿地碳汇工作落实的地方法规""有监督绿地碳汇工作落实的行政公文"列为该得分变量的计分点

计分点③④⑤的依据:《国务院关于加强城市绿化建设的通知》强调,城市绿化行政主管部门要切实加强绿化工程建设的监督管理,积极实行绿化企业资质审核、绿化工程招投标和工程质量监督制度,确保城市绿化质量。因此,将"政府或行业协会网站的专栏专题中有关于绿地碳汇监督的公示、公告、通知、政务办理指南""有关于实施绿地碳汇监督的新闻报道、公众号等""社区/街道设置相关人员对绿地开发建设进行监督整改"列为该得分变量的计分点

2. 得分变量(2)

得分变量(2)的计分标准见表 9.9。

表 9.9　专项资金保障程度($GS\text{-}C_{1\text{-}2}$)计分标准

计分点	计分要求	计分
	满足所有计分点	100
①设立专项资金监督绿地治理和保护	满足 5 个计分点中的任意 4 个	80
②有监督绿地保护和治理工作专项资金监管办法	满足 5 个计分点中的任意 3 个	60
③设立工程资金监管绿地保护与治理项目	满足 5 个计分点中的任意 2 个	40
④有用于监督近期绿地碳汇建设的资金预算	满足 5 个计分点中的任意 1 个	20
⑤未来有用于绿地开发监督的相关投资	无任何相关内容	0

计分点依据
计分点依据:《国务院关于加强城市绿化建设的通知》指出,要加大城市绿化资金投入,建立稳定、多元化的资金渠道。城市各级财政应安排必要的资金保证城市绿化工作的需要,加大城市绿化隔离林带和大型公园绿地建设的投入,特别是要增加管理维护资金。《"十四五"全国城市基础设施建设规划》多次指出城市绿地建设是城市基础设施建设的重要部分,其中第五条"保障措施"中又指明,各级人民政府按照量力而行、尽力而为的原则,加大对城市基础设施建设重点项目资金投入,加强资金绩效管理,完善"按效付费"等资金安排机制,切实提高资金使用效益。可见,在城市绿地建设中,对绿地保护全过程与具体建设工程项目,尤其是重点工程进行监督,并提供相关资金保障监督工作顺利完成是重要的。因此,将"设立专项资金监督绿地治理和保护""有监督绿地保护和治理工作专项资金监管办法""设立工程资金监管绿地保护与治理项目""有用于监督近期绿地碳汇建设的资金预算""未来有用于绿地开发监督的相关投资"列为该得分变量的计分点

3. 得分变量(3)

得分变量(3)的计分标准见表 9.10。

表 9.10　人力资源保障程度($GS\text{-}C_{1\text{-}2}$)计分标准

计分点	计分要求	计分
	满足计分点①	100
①有由省(市)级领导牵头组成的监督小组	满足计分点②	80
②有由政府多部门负责人牵头组成的监督小组	满足计分点③	60
③有由政府单一部门负责人牵头组成的监督小组	满足计分点④	40
④有由政府单一部门内园林绿化、林业管理、城镇建设等部门负责人牵头组成的监督小组	满足计分点⑤	20
⑤有由当地园林绿化局内园林绿化处负责人牵头组成的监督小组	无任何相关内容	0

计分点依据
计分点依据:《国务院关于加强和规范事中事后监管的指导意见》指出,应认真抓好责任落实,落实和强化监管责任,加快建设高素质、职业化、专业化的监管执法队伍。根据《国务院办公厅关于印发住房和城乡建设部主要职责内设机构和人员编制规定的通知》,我国园林绿化行业的主管部门为中央和各级地方政府的建设行政主管部门以及城市园林绿化行政主管部门。住房和城乡建设部为园林绿化行业的中央监管机构,主要负责拟订和制定园林绿化行业及市场的相关法规、规章制度、行业标准及资质资格标准并监督执行,指导地方建设行政主管部门的相关工作。因此,将执法队伍类型列为该得分变量的计分点

4. 得分变量(4)

得分变量(4)的计分标准见表 9.11。

表 9.11   技术条件保障程度（GS-C$_{1-4}$）计分标准

计分点	计分要求	计分
	满足所有计分点	100
①有用于监督绿地固碳能力提升工作的智慧城市监控平台	满足 4 个计分点中的任意 3 个	75
②有用于监督绿地固碳能力提升工作的无人机及 3S（GPS、RS、GIS）技术	满足 4 个计分点中的任意 2 个	50
③有用于监督绿地固碳能力提升工作的安全应急保障系统	满足 4 个计分点中的任意 1 个	25
④提出未来将引进绿地碳汇监督相关技术	无任何相关内容	0
计分点依据		

计分点①②的依据：于天飞和夏恩龙（2022）强调，碳中和愿景下智慧城市监控平台有助于提升绿地碳汇水平。因此，将"有用于监督绿地固碳能力提升工作的智慧城市监控平台""有用于监督绿地固碳能力提升工作的无人机及 3S（GPS、RS、GIS）技术"列为该得分变量的计分点

计分点③④的依据：张浪（2023）指出，构建绿地碳汇建设智慧平台是提升绿地碳汇水平的重要技术手段。因此，将"有用于监督绿地固碳能力提升工作的安全应急保障系统""提出未来将引进绿地碳汇监督相关技术"列为该得分变量的计分点

第四节   绿地碳汇维度的结果环节

绿地碳汇维度的结果（O）环节有一个指标：绿地固碳能力（GS-O$_1$），这一指标包括建成区绿地率、人均绿地面积、人均公园绿地面积 3 个得分变量。绿地不仅是城市用地的重要组成部分，而且具有碳汇功能以及特有的生态和景观功能。城市绿地固碳能力主要取决于城市人口、绿地类型和绿地面积，因此，选取建成区绿地率、人均绿地面积、人均公园绿地面积这 3 个得分变量来表征城市绿地固碳能力，具体计算方法见表 9.12。

表 9.12   3 个得分变量的计算方法

得分变量	得分变量编号	计算方法
建成区绿地率/%	GS-O$_{1-1}$	该得分变量为正向定量指标变量，采用式（2.16）进行计算
人均绿地面积/m^2	GS-O$_{1-2}$	该得分变量为正向定量指标变量，采用式（2.16）进行计算
人均公园绿地面积/m^2	GS-O$_{1-3}$	该得分变量为正向定量指标变量，采用式（2.16）进行计算
得分变量依据		

得分变量 GS-O$_{1-1}$ 的依据：《国家园林城市标准》强调，各城区间的绿化指标差距应逐年缩小，城市绿化覆盖率、绿地率应相差 5 个百分点以内，人均绿地面积应相差 2m^2 以内。因此，将"建成区绿地率"作为绿地固碳能力的得分变量

得分变量 GS-O$_{1-2}$ 的依据：城市人均绿地面积是根据国家和地方政府的相关规定确定的，不同国家和地区的标准可能会有所不同。《城市绿化条例》规定，城市绿地面积应当按照城市总人口的比例确定，其中城市公园、城市绿地、城市广场、城市道路绿化带等公共绿地面积应当不少于人均公共绿地面积 6m^2。同时，城市绿地面积还应当根据城市发展和人口增长情况进行动态调整。因此，将"人均绿地面积"作为绿地固碳能力的得分变量

得分变量 GS-O$_{1-3}$ 的依据：人均公共绿地面积是反映城市居民生活环境和生活质量的重要指标。《国家园林城市标准》强调城市中心区人均公共绿地面积应达到 5m^2 以上，公园设计应符合《公园设计规范》（GB 51192—2016）的要求，突出植物景观，绿化面积应占陆地总面积的 70% 以上，植物配置应合理，富有特色，规划建设管理应具有较高水平。因此，将"人均公园绿地面积"作为绿地固碳能力的得分变量

第五节　绿地碳汇维度的反馈环节

绿地碳汇维度的反馈(F)环节有一个指标：提高绿地固碳能力的措施和方案(GS-F$_1$)。反馈环节主要体现绿地碳汇建设过程中是否有相应的激励措施，主要包括对表现好的主体给予表彰奖励、对表现差的主体给予惩戒以及提出相应的改进措施和方案。因此，选取绿地管理相关主体提出改进措施和方案[得分变量(1)]、对提升绿地固碳能力的主体给予奖励[得分变量(2)]及基于绩效考核对政府相关部门实施相应措施[得分变量(3)]这 3 个得分变量来表征提高绿地固碳能力的措施和方案这一指标。

1. 得分变量(1)

得分变量(1)的计分标准见表 9.13。

表 9.13　绿地管理相关主体提出改进措施和方案(GS-F$_{1-1}$)计分标准

计分点	计分要求	计分
	满足所有计分点	100
①相关主体召开有关绿地治理和保护的总结会议	满足 5 个计分点中的任意 4 个	80
②相关主体发布相关总结文本	满足 5 个计分点中的任意 3 个	60
③相关主体发布的总结文本中有相关经验	满足 5 个计分点中的任意 2 个	40
④相关主体发布的总结文本中有相关教训	满足 5 个计分点中的任意 1 个	20
⑤相关主体发布的总结文本中有改进方案	无任何相关内容	0
计分点依据		
计分点依据：王永华和高含笑(2020)指出目前碳汇实践项目与新碳汇技术理论脱节，相关主管部门的总结反馈较少，因此将其作为此得分变量所有计分点的依据		

2. 得分变量(2)

得分变量(2)的计分标准见表 9.14。

表 9.14　对提升绿地固碳能力的主体给予奖励(GS-F$_{1-2}$)计分标准

计分点	计分要求	计分
	满足所有计分点	100
①有明确的奖励制度	满足 4 个计分点中的任意 3 个	75
②政府部门有落实奖励的具体措施	满足 4 个计分点中的任意 2 个	50
③合法社会团体(如园林行业协会等)有落实奖励的具体措施	满足 4 个计分点中的任意 1 个	25
④对提升绿地碳汇水平的主体进行表扬/公示	无任何相关内容	0
计分点依据		
计分点依据：《国务院关于印发 2030 年前碳达峰行动方案的通知》指出，应对碳达峰工作成效突出的地区、单位和个人按规定给予表彰奖励，因此将其列为该得分变量所有计分点的依据		

3. 得分变量(3)

得分变量(3)的计分标准见表 9.15。

表 9.15   基于绩效考核对政府相关部门实施相应措施($GS\text{-}F_{1\text{-}3}$)计分标准

计分点	计分要求	计分
	满足所有计分点	100
①有明确的处罚制度	满足 4 个计分点中的任意 3 个	75
②政府部门有落实处罚的具体措施	满足 4 个计分点中的任意 2 个	50
③合法社会主体(如园林行业协会等)有落实处罚的具体措施	满足 4 个计分点中的任意 1 个	25
④对降低绿地碳汇水平的主体进行批评/公示	无任何相关内容	0
计分点依据		

计分点依据:《城市绿化条例》指出,建设项目竣工后未达到规定的绿地率标准的,应责令限期改正,并按照建设工程管理有关法律法规的规定予以处罚;《国务院关于印发 2030 年前碳达峰行动方案的通知》指出,应对碳达峰工作成效落后的地区、单位和个人按规定给予批评

第十章　低碳技术维度低碳建设水平计分标准

第一节　低碳技术维度的规划环节

我国许多城市和地区在"十四五"规划中提出节能低碳领域的技术创新路径,国家层面也强调了发展低碳技术的重要性。发展低碳技术,首先需要对低碳技术进行研发和创新。因此,在低碳技术维度的规划(P)环节需要设置一个指标:低碳技术规划指标(Te-P$_1$),具体包括提出开展低碳技术研发计划、提出建设低碳技术研发创新平台、提出低碳技术研发目标、培养或引进相关专业人才,以及明确低碳技术的具体类型、研发路线或罗列工程项目几个方面。

1. 得分变量(1)

得分变量(1)的计分标准见表 10.1。

表 10.1　低碳技术研发规划内容的全面性(Te-P$_{1-1}$)计分标准

计分点	计分要求	计分
	满足所有计分点	100
①提出开展低碳技术研发计划	满足 5 个计分点中的任意 4 个	80
②提出建设低碳技术研发创新平台	满足 5 个计分点中的任意 3 个	60
③提出低碳技术研发目标		
④培养或引进相关专业人才	满足 5 个计分点中的任意 2 个	40
⑤明确低碳技术的具体类型、研发路线或罗列工程项目	满足 5 个计分点中的任意 1 个	20
	无任何相关内容	0

计分点依据

计分点①的依据:《国务院关于印发 2030 年前碳达峰行动方案的通知》明确指出,要强化创新能力和应用基础研究,推动低碳零碳负碳技术装备研发取得突破性进展。因此,将"提出开展低碳技术研发计划"列为该得分变量的计分点

计分点②的依据:科技部等九部门联合印发的《科技支撑碳达峰碳中和实施方案(2022—2030 年)》明确指出,要持续加强碳达峰碳中和领域全国重点实验室和国家技术创新中心总体布局,优化碳达峰碳中和领域的国家科技创新基地平台体系。因此,将"提出建设低碳技术研发创新平台"列为该得分变量的计分点

计分点③的依据:科技部等九部门联合印发的《科技支撑碳达峰碳中和实施方案(2022—2030 年)》明确指出,要大幅提升能源技术自主创新能力,形成一批减少二氧化碳排放的科技成果。因此,将"提出低碳技术研发目标"列为该得分变量的计分点

计分点④的依据:科技部等九部门联合印发的《科技支撑碳达峰碳中和实施方案(2022—2030 年)》强调,要培养壮大绿色低碳领域的国家战略科技力量,培养和发展壮大碳达峰碳中和领域的战略科学家、科技领军人才和创新团队、青年人才和创新创业人才,建立面向实现碳达峰碳中和目标的可持续人才队伍。因此,将"培养或引进相关专业人才"列为该得分变量的计分点

计分点⑤的依据:科技部等九部门联合印发的《科技支撑碳达峰碳中和实施方案(2022—2030 年)》明确指出,要采取"揭榜挂帅"等机制,设立专门针对碳达峰碳中和科技创新的重大项目,支持关键核心技术研发项目和重大示范工程落地。因此,将"明确低碳技术的具体类型、研发路线或罗列工程项目"列为该得分变量的计分点

发展低碳技术时除了需要研发和创新低碳技术，还需要推广和应用低碳技术，使得低碳技术能应用到社会生产生活中。因此，在低碳技术维度的规划(P)环节需要设置低碳技术应用规划内容的全面性指标，具体包括提出开展低碳技术应用和推广计划，编制或发布低碳技术推广目录，明确低碳技术的应用类型、路线、效果或罗列工程项目，提出低碳技术应用目标以及提出低碳技术应用示范要求几个方面。

2. 得分变量(2)

得分变量(2)的计分标准见表 10.2。

表 10.2　低碳技术应用规划内容的全面性($Te-P_{1-2}$)计分标准

计分点	计分要求	计分
①提出开展低碳技术应用和推广计划 ②编制和发布低碳技术推广目录 ③明确低碳技术的应用类型、路线、效果或罗列工程项目 ④提出低碳技术应用目标 ⑤提出低碳技术应用示范要求	满足所有计分点	100
	满足 5 个计分点中的任意 4 个	80
	满足 5 个计分点中的任意 3 个	60
	满足 5 个计分点中的任意 2 个	40
	满足 5 个计分点中的任意 1 个	20
	无任何相关内容	0
计分点依据		

计分点①的依据：《国务院关于印发 2030 年前碳达峰行动方案的通知》强调，要加快创新成果转化，以及先进适用技术研发和推广应用。因此，将"提出开展低碳技术应用和推广计划"列为该得分变量的计分点

计分点②的依据：为了解决一些政府部门、研究机构和行业协会对绿色低碳技术概念的认识不清晰、对各类技术减排温室气体的潜力缺乏规范的评价方法、低碳技术良莠不齐等问题，应编制和发布低碳技术推广目录(如《国家重点推广的低碳技术目录(第四批)》)，以为有关企业和机构开展绿色低碳技术推广和产业化发展提供方向，并为制定财政、税收等优惠政策提供依据。因此，将"编制和发布低碳技术推广目录"列为该得分变量的计分点

计分点③的依据：《国务院关于印发 2030 年前碳达峰行动方案的通知》明确指出，要建设全流程、集成化、规模化二氧化碳捕集利用与封存等示范项目。因此，将"明确低碳技术的应用类型、路线、效果或罗列工程项目"列为该得分变量的计分点

计分点④的依据：科技部等九部门联合印发的《科技支撑碳达峰碳中和实施方案(2022—2030 年)》明确指出，应在 2030 年等时间节点建立一定数量的低碳零碳技术应用示范工程和提出碳捕集能耗比等要求。因此，将"提出低碳技术应用目标"列为该得分变量的计分点

计分点⑤的依据：《国务院关于印发 2030 年前碳达峰行动方案的通知》强调，要推进熔盐储能供热和发电示范应用，加快氢能技术研发和示范应用，探索在工业、交通运输、建筑等领域的规模化应用。《科技支撑碳达峰碳中和实施方案(2022—2030 年)》指出，要以促进成果转移转化为目标，开展一批典型低碳零碳技术应用示范。因此，将"提出低碳技术应用示范要求"列为该得分变量的计分点

第二节　低碳技术维度的实施环节

低碳技术维度的实施(I)环节有一个指标：低碳技术发展的保障($Te-I_1$)。波特假说认为严格的环境法规会促使公司参与清洁技术的创新和环境改善，同时技术的创新可以提升公司的生产力和竞争力。许多研究表明，环境法规会迫使或激励企业寻求技术创新以减少污染和能耗。明确的规章制度可以为发展低碳技术提供机制保障。资金是低碳技术创新的关键要素，提出足够的资金是促进低碳技术发展的重要激励手段，资金是否充足将决定低碳技术创新及应用的广度和深度。除了资金的支持，相关技术及服务机构的支持也不可或

缺。因此，在实施环节需要考虑相关规章制度的完善程度[得分变量(1)]、专项资金保障程度[得分变量(2)]、科学研究和技术服务业企业数[得分变量(3)]三个得分变量。

1. 得分变量(1)

得分变量(1)的计分标准见表 10.3。

表 10.3　相关规章制度的完善程度($Te-I_{1-1}$)计分标准

计分点	计分要求	计分
①各级相关政府部门有关于低碳技术发展的法规条例、实施办法或行动方案 ②有征集、设立先进低碳技术试点项目或重大专项的通知 ③发布低碳技术推广、成果转化目录或清单 ④实施办法、征集通知中有联系方式或线下地址	满足所有计分点	100
	满足 4 个计分点中的任意 3 个	75
	满足 4 个计分点中的任意 2 个	50
	满足 4 个计分点中的任意 1 个	25
	无任何相关内容	0

计分点依据
计分点①的依据：《国务院关于印发 2030 年前碳达峰行动方案的通知》明确指出，要完善创新体制机制，制定科学支撑碳达峰碳中和行动方案。因此，将"各级相关政府部门有关于低碳技术发展的法规条例、实施办法或行动方案"列为该得分变量的计分点
计分点②的依据：《国务院关于印发 2030 年前碳达峰行动方案的通知》明确指出，要在国家重点研发计划中设立碳达峰碳中和关键技术研究与示范等重点专项，开展低碳零碳负碳关键核心技术攻关。因此，将"有征集、设立先进低碳技术试点项目或重大专项的通知"列为该得分变量的计分点
计分点③的依据：为了解决一些政府部门、研究机构和行业协会对绿色低碳技术概念的认识不清晰、对各类技术减排温室气体的潜力缺乏规范的评价方法、低碳技术良莠不齐等问题，应编制和发布低碳技术推广目录（如《国家重点推广的低碳技术目录(第四批)》），以为有关企业和机构开展绿色低碳技术推广和产业化发展提供方向，并为制定财政、税收等优惠政策提供依据。因此，将"发布低碳技术推广、成果转化目录或清单"列为该得分变量的计分点
计分点④的依据：中国认证认可协会发布的团体标准《碳管理体系要求》(T/CCAA 39—2022)要求在各职能和层级间就碳中和管理体系的相关信息进行内部信息交流，并与相关方建立沟通渠道。《国务院办公厅关于进一步优化地方政务服务便民热线的指导意见》强调政务服务便民热线应直接面向企业和群众，是反映问题建议、推动解决政务服务问题的重要渠道。优化政务服务便民热线，对于有效利用政务资源、提高服务效率、加强监督考核、提升企业和群众满意度具有重要作用。因此，将"实施办法、征集通知中有联系方式或线下地址"列为该得分变量的计分点

2. 得分变量(2)

得分变量(2)的计分标准见表 10.4。

表 10.4　专项资金保障程度($Te-I_{1-2}$)计分标准

计分点	计分要求	计分
①有促进低碳技术发展的财政政策或措施 ②有政府专项资金支持推进低碳技术发展 ③政府专项资金有配套的资金管理办法 ④有面向所有技术的政府资金支持	满足所有计分点	100
	满足 4 个计分点中的任意 3 个	75
	满足 4 个计分点中的任意 2 个	50
	满足 4 个计分点中的任意 1 个	25
	无任何相关内容	0

计分点依据
计分点①的依据：《国务院关于印发 2030 年前碳达峰行动方案的通知》明确指出，要建立健全有利于绿色低碳发展的税收政策体系，更好地发挥税收对市场主体绿色低碳发展的促进作用。科技部等九部门联合印发的《科技支撑碳达峰碳中和实施方案(2022—2030 年)》明确指出，要创新财政政策工具，形成激励碳达峰碳中和技术创新的财政制度和政策体系。因此，将"有促进低碳技术发展的财政政策或措施"列为该得分变量的计分点

计分点②的依据：《清洁能源发展专项资金管理暂行办法》《节能减排补助资金管理暂行办法》都强调设立用于支持可再生能源、清洁化石能源开发利用以及化石能源清洁化利用等的专项资金，是优化能源结构专项资金投入的重要内容。因此，将"有政府专项资金支持推进低碳技术发展"列为该得分变量的计分点

计分点③的依据：《国务院办公厅关于改革完善中央财政科研经费管理的若干意见》强调，要对重大技术装备或产品进入市场的产业化前期工作予以适当支持，重大专项实行概预算需要管理，项目（课题）实行预算管理，构建全过程资金管理机制，着力提高资金使用效益，力求遵循科研活动规律，激发科研人员创新热情，推动重大专项任务目标顺利完成。因此，将"政府专项资金有配套的资金管理办法"列为该得分变量的计分点

计分点④的依据：《国家科技支撑计划专项经费管理办法》明确指出，要对开展重大公益技术、产业共性技术、关键技术研究开发与应用示范的具有独立法人资格的科研院所、高等院校、内资或内资控股企业等给予资金资助。因此，将"有面向所有技术的政府资金支持"列为该得分变量的计分点

3. 得分变量(3)

得分变量(3)的计算方法见表 10.5。

表 10.5　科学研究和技术服务业企业数($Te\text{-}I_{1\text{-}3}$)计算方法

计分点	计算方法
科学研究和技术服务业企业数	该得分变量为正向定量指标变量，采用式(2.16)进行计算
计分点依据	

计分点依据：由于当前缺乏能直接反映低碳技术发展水平的人力资源保障相关指标，因此便用"科学研究和技术服务业企业数"。可以认为，科学研究和技术服务业企业数量越多，对支持低碳技术发展的人力资源保障程度越高。因此，将"科学研究和技术服务业企业数"列为该得分变量的计分点

第三节　低碳技术维度的检查环节

有效的检查是促进低碳技术发展相关规划和措施得到有效实施的保障，而技术的研发和应用涉及知识产权相关规定，部分环节需要严格保密。因此，该环节有一个指标为：监督低碳技术发展的保障($Te\text{-}C_1$)。这一指标下包含两个得分变量：相关规章制度的完善程度[得分变量(1)]和人力资源保障程度[得分变量(2)]。

1. 得分变量(1)

得分变量(1)的计分标准见表 10.6。

表 10.6　相关规章制度的完善程度($Te\text{-}C_{1\text{-}1}$)计分标准

计分点	计分要求	计分
	满足所有计分点	100
①有低碳技术研发应用的专项监督管理办法	满足 4 个计分点中的任意 3 个	75
②有监督管理企业或科研机构研发应用低碳技术的地方标准或通则	满足 4 个计分点中的任意 2 个	50
③有面向所有技术的监督管理办法	满足 4 个计分点中的任意 1 个	25
④专项或面向所有技术的监督管理办法中有联系方式或线下地址	无任何相关内容	0

计分点依据
计分点①的依据：《国务院关于印发 2030 年前碳达峰行动方案的通知》和《国务院关于加强和规范事中事后监管的指导意见》明确指出，要严格实施监督考核，健全制度化监管规则，逐步建立系统完善的碳达峰碳中和综合评价考核制度。因此，将"有低碳技术研发应用的专项监督管理办法"列为该得分变量的计分点
计分点②的依据：科技部等九部门联合印发的《科技支撑碳达峰碳中和实施方案(2022—2030 年)》明确指出，要加强科技创新对碳排放监测、计量、核查、核算、认证、评估、监管以及碳汇的技术体系和标准体系建设的支撑保障，为国家碳达峰碳中和工作提供决策支撑。而《国务院关于加强和规范事中事后监管的指导意见》指出要加强标准体系建设，严格依照标准开展监管。因此，将"有监督管理企业或科研机构研发应用低碳技术的地方标准或通则"列为该得分变量的计分点
计分点③的依据：《国家科技计划项目管理暂行办法》明确指出，要对科技项目进行验证和专家咨询等监督管理
计分点④的依据：中国认证认可协会发布的团体标准《碳管理体系要求》(T/CCAA 39—2022)要求在各职能和层级间就碳中和管理体系的相关信息进行内部信息交流，并与相关方建立沟通渠道。而《国务院关于加强和规范事中事后监管的指导意见》指出要发挥社会监督作用，畅通群众监督渠道，整合优化政府投诉举报平台功能。因此，将"面向所有技术的监督管理办法中有联系方式或线下地址"列为该得分变量的计分点

2. 得分变量(2)

得分变量(2)的计分标准见表 10.7。

表 10.7　人力资源保障程度($Te\text{-}C_{1\text{-}2}$)计分标准

计分点	计分要求	计分
①有负责评估低碳技术水平的专家库 ②有负责监督低碳技术研发应用的监督管理机构 ③有负责监督评价体系建设和评估管理工作的机构 ④有负责推动低碳技术发展的市属政府领导或工作小组	满足所有计分点	100
	满足 4 个计分点中的任意 3 个	75
	满足 4 个计分点中的任意 2 个	50
	满足 4 个计分点中的任意 1 个	25
	无任何相关内容	0

计分点依据
计分点依据：《2023 年能源监管工作要点》强调要加强能源监管的队伍建设，包括领导小组、机构、部门和大队或支队。而《国务院关于加强和规范事中事后监管的指导意见》指出，要认真抓好责任落实，落实和强化监管责任，加快建设高素质、职业化、专业化的监管执法队伍。因此，将"有负责评估低碳技术水平的专家库""有负责监督低碳技术研发应用的监督管理机构""有负责监督评价体系建设和评估管理工作的机构""有负责推动低碳技术发展的市属政府领导或工作小组"列为该得分变量的计分点

第四节　低碳技术维度的结果环节

低碳技术维度的结果(O)环节有两个指标：低碳技术研发成果($Te\text{-}O_1$)和低碳技术应用效果($Te\text{-}O_2$)。在低碳技术发展规划中，首先是低碳技术的研发创新，故选择低碳技术研发成果作为指标，具体包括获得的绿色发明数量、获得的绿色实用新型专利数量、获得的绿色发明数量占发明总数量的比例、获得的绿色实用新型专利数量占实用新型专利总数量的比例四个得分变量，各得分变量的计算方法见表 10.8。

表 10.8　低碳技术研发成果各得分变量的计算方法

得分变量	得分变量编号	计算方法
获得的绿色发明数量/个	Te-O$_{1-1}$	该得分变量为正向定量指标变量,采用式(2.16)进行计算
获得的绿色实用新型专利数量/个	Te-O$_{1-2}$	该得分变量为正向定量指标变量,采用式(2.16)进行计算
获得的绿色发明数量占发明总数量的比例/%	Te-O$_{1-3}$	该得分变量为正向定量指标变量,采用式(2.16)进行计算
获得的绿色实用新型专利数量占实用新型专利总数量的比例/%	Te-O$_{1-4}$	该得分变量为正向定量指标变量,采用式(2.16)进行计算

得分变量依据
得分变量 Te-O$_{1-1}$ 和得分变量 Te-O$_{1-2}$ 的依据:段德忠和杜德斌(2002)及 Liu 等(2023)的研究成果
得分变量 Te-O$_{1-3}$ 的依据:考虑到不同规模体量的城市可能拥有数量悬殊的专利,因而增加得分变量"获得的绿色发明数量占发明总数量的比例",以规避城市规模体量对评价结果的影响
得分变量 Te-O$_{1-4}$ 的依据:考虑到不同规模体量的城市可能拥有数量悬殊的专利,因而增加得分变量"获得的绿色实用新型专利数量占实用新型专利总数量的比例",以规避城市规模体量对评价结果的影响

在低碳技术发展规划中,除了需要推动低碳技术的研发创新,还应进一步应用和推广低碳技术。故选择低碳技术应用效果作为指标,具体包括绿色全要素生产率、获得的绿色专利(绿色发明专利及绿色实用新型专利)数量占碳排放量的比例两个得分变量。低碳技术应用效果各得分变量的计算方法见表 10.9。

表 10.9　低碳技术应用效果各得分变量的计算方法

得分变量	得分变量编号	计算方法
绿色全要素生产率/%	Te-O$_{2-1}$	该得分变量为正向定量指标变量,采用式(2.16)进行计算
获得的绿色专利(绿色发明专利及绿色实用新型专利)数量占碳排放量的比例/%	Te-O$_{2-2}$	该得分变量为正向定量指标变量,采用式(2.16)进行计算

得分变量依据
得分变量 Te-O$_{2-1}$ 的依据:绿色全要素生产率指的是绿色技术的生产效率,能反映应用技术导致的低碳经济发展效果,故选择该得分变量以体现低碳技术应用效果
得分变量 Te-O$_{2-2}$ 的依据:可通过获得的绿色专利(绿色发明专利及绿色实用新型专利)数量与碳排放量的比值反映减少碳排放的效果,故选择该得分变量以体现低碳技术应用效果

第五节　低碳技术维度的反馈环节

低碳技术维度的反馈(F)环节有一个指标:是否提出奖励(Te-F$_1$)。该指标主要反映对推动低碳技术发展的主体是否有激励,具体包括基于绩效考核对政府相关部门进行奖励[得分变量(1)]、对有效推动低碳技术发展的主体实施激励措施[得分变量(2)]两个得分变量。

1. 得分变量(1)

得分变量(1)的计分标准见表 10.10。

表 10.10　基于绩效考核对政府相关部门进行奖励（Te-F$_{1-1}$）计分标准

计分点	计分要求	计分
①有与低碳技术相关的专项奖励制度 ②有面向所有技术的非专项奖励制度 ③有与低碳技术相关的专项奖励结果 ④有面向所有技术的非专项奖励结果	满足所有计分点	100
	满足 4 个计分点中的任意 3 个	75
	满足 4 个计分点中的任意 2 个	50
	满足 4 个计分点中的任意 1 个	25
	无任何相关内容	0

计分点依据

计分点①的依据：毛劲歌和牛胜杰（2018）的研究指出，通过奖励来激励科技研发是低碳发展背景下的必然措施。《国务院关于印发 2030 年前碳达峰行动方案的通知》指出，应对碳达峰工作成效突出的地区、单位和个人按规定给予表彰奖励。因此，将"有与低碳技术相关的专项奖励制度"列为该得分变量的计分点

计分点②的依据：《关于深化科技奖励制度改革的方案》明确指出，科技奖励制度应成为我国长期坚持的一项重要政策和制度。《国家科学技术奖励条例》指出应奖励在科学技术进步活动中做出突出贡献的个人、组织，调动科学技术工作者的积极性和创造性。因此，将"有面向所有技术的非专项奖励制度"列为该得分变量的计分点

计分点③④的依据：《国家科学技术奖励条例》明确指出，科学技术奖提名和评审的办法、奖励总数、奖励结果等信息应当向社会公布，接受社会监督。因此，将"有与低碳技术相关的专项奖励结果""有面向所有技术的非专项奖励结果"列为该得分变量的计分点

2. 得分变量（2）

得分变量（2）的计分标准见表 10.11。

表 10.11　对有效推动低碳技术发展的主体实施激励措施（Te-F$_{1-2}$）计分标准

计分点	计分要求	计分
①有与低碳技术相关的专项奖励制度 ②有面向所有技术的非专项奖励制度 ③有与低碳技术相关的专项奖励结果 ④有面向所有技术的非专项奖励结果	满足所有计分点	100
	满足 4 个计分点中的任意 3 个	75
	满足 4 个计分点中的任意 2 个	50
	满足 4 个计分点中的任意 1 个	25
	无任何相关内容	0

计分点依据

计分点①的依据：毛劲歌和牛胜杰（2018）指出，通过奖励来激励科技研发是低碳发展背景下的必然措施。《国务院关于印发 2030 年前碳达峰行动方案的通知》指出，应对碳达峰工作成效突出的地区、单位和个人按规定给予表彰奖励。因此，将"有与低碳技术相关的专项奖励制度"列为该得分变量的计分点

计分点②的依据：《关于深化科技奖励制度改革的方案》明确指出，科技奖励制度应成为我国长期坚持的一项重要政策和制度。《国家科学技术奖励条例》指出，应奖励在科学技术进步活动中做出突出贡献的个人、组织，调动科学技术工作者的积极性和创造性。因此，将"有面向所有技术的非专项奖励制度"列为该得分变量的计分点

计分点③④的依据：《国家科学技术奖励条例》明确指出，科学技术奖提名和评审的办法、奖励总数、奖励结果等信息应当向社会公布，接受社会监督。因此，将"有与低碳技术相关的专项奖励结果""有面向所有技术的非专项奖励结果"列为该得分变量的计分点

第十一章　城市低碳建设水平计分组别

城市低碳建设水平计分系统可概括为由八个维度和五个环节叠加组合成的 8×5 计分矩阵，共包含 40 个模块，每个模块的满分均为 100 分，结合各维度与各环节的计分比例，可得到每个模块的计分比例，如表 11.1 所示。例如，城市低碳建设能源结构维度在规划环节的计分比例为 5%。

表 11.1　城市低碳建设水平计分比例(%)

	能源结构 (En) 25%	经济发展 (Ec) 10%	生产效率 (Ef) 10%	城市居民 (Po) 10%	水域碳汇 (Wa) 10%	森林碳汇 (Fo) 10%	绿地碳汇 (GS) 10%	低碳技术 (Te) 15%	总计
规划(P)环节 20%	5	2	2	2	2	2	2	3	20
实施(I)环节 20%	5	2	2	2	2	2	2	3	20
检查(C)环节 15%	3.75	1.5	1.5	1.5	1.5	1.5	1.5	2.25	15
结果(O)环节 30%	7.5	3	3	3	3	3	3	4.5	30
反馈(F)环节 15%	3.75	1.5	1.5	1.5	1.5	1.5	1.5	2.25	15
总计	25	10	10	10	10	10	10	15	100

城市低碳建设水平的总得分应为

$$V = \sum_d \mu_d V_d = \mu_{\text{En-P}} V_{\text{En-P}} + \mu_{\text{En-I}} V_{\text{En-I}} + \mu_{\text{En-C}} V_{\text{En-C}} + \cdots + \mu_{\text{Te-F}} V_{\text{Te-F}} \tag{11.1}$$

式中，V 表示城市低碳建设水平的总得分；μ_d 表示 40 个模块 d 的计分比例；V_d 表示城市在 40 个模块 d 的得分。

低碳城市根据得分从高到低分为四个等级：四星级、三星级、二星级、一星级。低碳城市星级评定要求如表 11.2 所示。

表 11.2　低碳城市星级评定要求

	总分/分	模块得分
四星级低碳城市	≥60	$\mu_d V_d \geq 100\,\mu_d \times 75\%$
三星级低碳城市	50～59	$100\,\mu_d \times 50\% \leq \mu_d < 100\,\mu_d \times 75\%$
二星级低碳城市	40～49	$100\,\mu_d \times 25\% \leq \mu_d < 100\,\mu_d \times 50\%$
一星级低碳城市	<40	$\mu_d V_d < 100\,\mu_d \times 25\%$

结　语

　　城市低碳建设水平计分系统基于"八个维度+五个环节"的城市低碳建设水平诊断指标体系，并结合已出台的相关政策文件、标准名录、科学文献等，阐明得分变量及计分点的选取依据。本计分系统中的得分变量均采用百分制计分法计算，分为定性指标变量与定量指标变量：对于定量指标变量，城市低碳建设水平的取值需做 0～100 分的标准化处理；对于定性指标变量，需针对全部计分点制定详细计分规划。此外，本计分系统将城市低碳建设水平分为四个等级，并对各等级设置了得分约束条件，可据此对参评城市进行星级评定。

　　本计分系统作为《中国低碳城市建设水平诊断(2022)》和《中国城市低碳建设水平诊断(2023)》的配套技术手册，对诊断方法与规则进行了充分说明，以期为科学诊断城市低碳建设水平提供理论依据。

参 考 文 献

薄凡, 庄贵阳, 2022. "双碳"目标下低碳消费的作用机制和推进政策. 北京工业大学学报(社会科学版), 22(1): 70-82.

蔡建林, 周梅华, 张红红, 2012. 低碳创新产品消费者采用意愿影响因素实证研究: 以新能源汽车为例. 消费经济, 28(3): 23-26.

陈静, 2023. 碳汇生态产品价值实现路径研究. 杭州: 浙江大学.

陈宜瑜, 2022. 加强湿地基础理论研究 服务国家湿地保护战略. 中国科学基金, 36(3): 363.

段德忠, 杜德斌, 2022. 中国城市绿色技术创新的时空分布特征及影响因素. 地理学报, 77(12): 3125-3145.

段晓男, 王效科, 逯非, 等, 2008. 中国湿地生态系统固碳现状和潜力. 生态学报, 28(2): 463-469.

方精云, 黄耀, 朱江玲, 等, 2015. 森林生态系统碳收支及其影响机制. 中国基础科学, 17(3): 20-25.

费文君, 高祥飞, 2020. 我国城市绿地防灾避险功能研究综述. 南京林业大学学报(自然科学版), 44(4): 222-230.

干春晖, 郑若谷, 余典范, 2015. 中国产业结构变迁对经济增长和波动的影响. 上海学术报告(2012—2013): 40-41.

高园, 欧训民, 2022. IPCC AR6 报告解读: 强化技术和管理创新的交通运输部门减碳路径. 气候变化研究进展, 18(5): 567-573.

韩国栋, 王忠武, 武倩, 等, 2023. 草原固碳减排技术平台体系建设的几点建议. 北方经济(2): 24-26.

何舒, 2019. 新能源汽车公共充电桩的布局优化研究. 广州: 华南理工大学.

胡会峰, 刘国华, 2006. 森林管理在全球 CO_2 减排中的作用. 应用生态学报, 17(4): 4709-4714.

李春红, 2009. 浅谈城市绿地系统病虫害防治. 中国园艺文摘, 25(11): 76.

李健, 周慧, 2012. 中国碳排放强度与产业结构的关联分析. 中国人口·资源与环境, 22(1): 7-14.

李怒云, 杨炎朝, 陈叙图, 2010. 发展碳汇林业 应对气候变化: 中国碳汇林业的实践与管理. 中国水土保持科学, 8(1): 13-16.

李勇, 2018. 浅析国家园林城市标准的变化. 现代园艺(4): 157-158.

廖远涛, 肖荣波, 2012. 城市绿地系统规划层级体系构建. 规划师, 28(3): 46-49, 54.

刘魏魏, 王效科, 逯非, 等, 2016. 造林再造林、森林采伐、气候变化、CO_2 浓度升高、火灾和虫害对森林固碳能力的影响. 生态学报, 36(8): 2113-2122.

马吉特·莫尔娜, 2022. 数字化是提高生产率重要途径. 经济日报(2022-11-10), 10 版.

毛劲歌, 牛胜杰, 2018. 我国低碳技术发展支持政策问题和建议. 北京财贸职业学院学报, 34(1): 18-22.

倪琳, 李梦琴, 游雪梅, 2015. 基于熵权法的我国生态消费发展状况评价研究. 生态经济, 31(9): 80-84, 109.

申立银, 2021. 低碳城市建设评价指标体系研究. 北京: 科学出版社.

王敏, 宋昊洋, 2023. 碳中和背景下的城市绿地适应性规划探索: 国际经验与前沿技术. 园林, 40(1): 10-15.

王青, 2019. 中国碳汇政策文本研究. 广州: 广东省社会科学院.

王仁杰, 魏艳楠, 许伦辉, 2015. 基于低碳模式下的城市客运交通结构优化研究. 交通信息与安全, 33(5): 16-22.

王效科, 刘魏魏, 2021. 影响森林固碳的因素. 林业与生态(3): 40-41.

王永华, 高含笑, 2020. 城市绿地碳汇研究进展. 湖北林业科技, 49(4): 69-76.

吴健生, 许娜, 张曦文, 2016. 中国低碳城市评价与空间格局分析. 地理科学进展, 35(2): 204-213.

于天飞, 夏恩龙, 2022. 基于碳中和愿景的绿地碳汇价值实现过程研究. 自然保护地, 2(1): 74-81.

翟宇佳, 2014. 城市绿地系统指标体系研究. 中国城市林业, 12(2): 1-4, 20.

张浪, 2023. 风景园林科技创新支撑碳汇能力提升的思考与实践. 园林, 40(1): 4-9.

张浪, 李晓策, 刘杰, 等, 2021. 基于国土空间规划的城市生态网络体系构建研究. 现代城市研究, 36(5): 97-100, 105.

张清, 陶小马, 杨鹏, 2012. 特大型城市客运交通碳排放与减排对策研究. 中国人口·资源与环境, 22(1): 35-42.

郑睿臻, 张惠, 2016. 我国城市化与居民生活用能消费的动态关系分析. 干旱区资源与环境, 30(9): 19-24.

朱婧, 刘学敏, 张昱, 2017. 中国低碳城市建设评价指标体系构建. 生态经济, 33(12): 52-56.

朱万泽, 2020. 成熟森林固碳研究进展. 林业科学, 56(3): 117-126.

庄贵阳, 2020. 中国低碳城市建设评价: 方法与实证. 北京: 中国社会科学出版社.

Edwards D W, 1986. Out of the crisis. MIT Center for Advanced Engineering Study, 133-135.

Liu K, Xue Y T, Chen Z F, et al., 2023. The spatiotemporal evolution and influencing factors of urban green innovation in China. Science of the Total Environment, 857: 159426.